长江经济带生态产品价值实现路径与对策研究

中国工程院 "长江经济带生态产品价值实现路径与对策研究" 课题组
张林波　吴丰昌　主编

科学出版社
北　京

内 容 简 介

　　本书是中国工程院重大咨询项目"生态文明建设若干战略问题研究（四期）"成果系列丛书的第四卷。全书围绕长江经济带经济高质量发展的战略要求，开展长江经济带生态产品价值实现路径与对策研究。在两年多的时间里，课题组组织十余次相关领域专家咨询研讨，赴生态产品价值实现及生态文明建设典型地区开展调研，最终形成了本研究成果。

　　本书适合政府管理人员、政策咨询研究人员及广大科研从业者和关心我国生态产品价值实现和生态文明建设的人士阅读，也可供高等院校相关专业师生参考阅读。

审图号：GS（2021）6378 号

图书在版编目（CIP）数据

长江经济带生态产品价值实现路径与对策研究／张林波，吴丰昌主编．—北京：科学出版社，2021.10
　ISBN 978-7-03-069374-7

　Ⅰ.①长…　Ⅱ.①张…②吴…　Ⅲ.①长江经济带-生态经济-经济评价-研究　Ⅳ.①F127.5

中国版本图书馆 CIP 数据核字（2021）第 138083 号

责任编辑：林　剑／责任校对：樊雅琼
责任印制：吴兆东／封面设计：无极书装

科 学 出 版 社 出版
北京东黄城根北街 16 号
邮政编码：100717
http://www.sciencep.com
北京建宏印刷有限公司 印刷
科学出版社发行　各地新华书店经销

*

2021 年 10 月第　一　版　　开本：787×1092　1/16
2021 年 10 月第一次印刷　　印张：9 3/4
字数：300 000

定价：148.00 元
（如有印装质量问题，我社负责调换）

"长江经济带生态产品价值实现路径与对策研究"课题组成员

组　　长　　吴丰昌　　中国环境科学研究院，院士

副 组 长　　张林波　　山东大学，教授

主要成员　　舒俭民　　中国环境科学研究院，研究员

　　　　　　李岱青　　中国环境科学研究院，研究员

　　　　　　虞慧怡　　中国环境科学研究院，助理研究员

　　　　　　张文涛　　山东大学人文社科青岛研究院，副研究员

　　　　　　刘　学　　中国环境科学研究院，助理研究员

　　　　　　贾振宇　　中国环境科学研究院，助理研究员

　　　　　　孙倩莹　　中国环境科学研究院，助理研究员

　　　　　　杨春艳　　中国环境科学研究院，助理研究员

　　　　　　王世曦　　中国环境科学研究院，助理研究员

　　　　　　宋　婷　　中国环境科学研究院，助理研究员

　　　　　　杨　娇　　中国环境科学研究院，助理研究员

　　　　　　黄玉花　　山东大学人文社科青岛研究院，助理研究员

　　　　　　梁　田　　山东大学人文社科青岛研究院，助理研究员

报告编制组成员

张林波　舒俭民　虞慧怡　李岱青

张文涛　刘　学　贾振宇　孙倩莹

杨春艳　王世曦　宋　婷　杨　娇

黄玉花　梁　田

前　言

　　生态产品价值实现理念是贯彻落实党和国家战略部署的重要举措，是强化经济手段保护生态环境的实践创举，是践行"绿水青山就是金山银山"理论的实践抓手。长江经济带是我国人口和经济集聚的核心区域，也是重要的生态安全屏障，肩负着为全国生态文明建设探路的重任。习近平总书记明确要求在长江流域开展生态产品价值实现机制试点，探索生态产品价值实现路径。充分借力国家战略，将长江经济带作为促进生态产品价值实现的重要空间载体，以生态产品价值实现为契机，激发长江上中游地区的经济活力，将进一步缩小区域差距，促进区域经济协调发展。由于生态产品的自然流转和生产者不明等特性，本书将长江发源地——三江源区生态产品价值实现也作为研究内容之一，但长江经济带和三江源区数据分析互相独立。本书以生态产品价值实现的基本路径为角度，总结了国内外生态产品价值成功实现的实践案例及经验启示，梳理了长江经济带生态产品价值实现的总体部署与创新实践；在此基础上对长江经济带社会经济、生态资源状况及生态产品价值实现相关指标进行了分析；识别了长江经济带生态产品价值实现的制约因素，提出了长江经济带生态产品价值实现的整体战略目标与重点任务。

　　本书分为6章。第1章从生态产品的基础理论出发，分析了长江经济带生态产品价值实现的重大意义；第2章对国内外生态产品价值实现的相关实践案例进行了分类总结，在此基础上提炼出诸多经验启示，并对长江经济带生态产品价值实现的总体部署与创新实践进行了总结与分析；第3章从长江经济带总体、长江经济带的重点生态功能区、长江经济带长三角地区三个维度，介绍了长江经济带社会经济发展基本概况；第4章介绍了长江经济带生态资源状况，核算了长江经济带生态资源资产，在此基础上选取相关指标分析了长江经济带生态产品价值实现状况；第5章分析了三江源区生态系统状况及生态产品价值实现情况，并提出了三江源区生态产品价值实现的重点任务；第6章提炼总结了长江经济带生态产品价值实现的制约因素，提出了长江经济带生态产品价值实现的总体目标和战略任务。

本课题研究过程中,得到了"生态文明建设若干战略问题研究(四期)"项目组专家的指导与支持。本书的完成是课题组全体成员辛勤劳动的成果。为此,向为本书的研究做出贡献的院士、专家、教授、政府管理人员及项目办工作人员致以衷心的感谢。

目　　录

1 生态产品价值实现的理论基础 与重大意义

1.1 生态产品概念的提出与发展历程

生态产品概念在我国政府文件中最早见于 2010 年，在国务院发布的《全国主体功能区规划》中提出了生态产品的概念，认为人类需求既包括对农产品、工业品和服务产品的需求，也包括对清新空气、清洁水源、宜人气候等生态产品的需求，将生态产品与农产品、工业品和服务产品并列为人类生活所必需的、可消费的产品，而重点生态功能区是生态产品生产的主要产区。随后，在 2012 年召开的党的十八大上，生态文明建设被提到前所未有的战略高度，"增强生态产品生产能力"作为生态文明建设一项重要任务，将生态产品生产能力看作是生产力的重要组成部分，体现了改善生态环境就是发展生产力的理念。2013 年，《中共中央关于全面深化改革若干重大问题的决定》中有关生态文明建设的论述虽然没有直接使用生态产品概念，但习近平总书记从生态文明建设的整体视野提出"山水林田湖草是生命共同体"的论断。生态产品与"山水林田湖草是生命共同体"理念一脉相承，山水林田湖草是生态产品的生产者，生态产品是山水林田湖草的结晶产物，体现了我国生态环境保护理念由要素分割向系统思想的转变。2015 年，我国先后出台的《中共中央 国务院关于加快推进生态文明建设的意见》和《生态文明体制改革总体方案》两个文件中也没有直接使用生态产品一词，但生态产品是落实文件精神要求的重要抓手和载体。在《中共中央 国务院关于加快推进生态文明建设的意见》中"绿水青山就是金山银山"理念被首次写入中央文件，要求"深化自然资源及其产品价格改革，凡是能由市场形成价格的都交给市场"。生态产品是绿水青山的代名词和实践中可操作的有形抓手。《生态文明体制改革总体方案》指出"自然生态是有价值的，保护自然就是增值自然价值和自然资本的过程，就是保护和发展生产力，就应得到合理回报和经济补偿"。2016 年《国务院办公厅关于健全生态保护补偿机制的意见》要求"探索建立多元化生态保护补偿机制""加快建立生态保护补偿标准体系""以生态产品产出能力为基础"，将生态补偿作为生态产品价值实现的重要方式。同年，《国家生态文明试验区（福建）实施方案》提出建设"生态产品价值实现的先行区"目标，这是生态产品理念发展的一个重要标志，表明我国对生态产品的要求由提高生产能力上升为实现经济价值。2017 年，《关于完善主体功能区战略和制度的若干意见》，将贵州等 4 个省份列为国家生态产品价值实现机制试点，标志着我国开始探索将生态产品价值理念付诸为实际行动。党的十九大对生态产品的认识和要求进一步深化，要求"必须树立和践行绿水青山就是金山银山的理念"，将生态产品短缺看作新时代我国社会主要矛盾的一个主要方面，进一步明确要求"提供更多优质生态产品以满足人民日益增长的优美生态环境需要"，生态产品成为"绿水青山就是金山银山"理论在实际工作中的有形抓手，是绿水青山在实践中的代名词。2018年在深入推动长江经济带发展座谈会上，习近平总书记明确要求"积极探索推广绿水青山转化为金山银山的路径，选择具备条件的地区开展生态产品价值实现机制试点，探索政府主导、企业和社会各界参与、市场化运作、可持续的生态产品价值实现路径"，为生态产品价值实现指明了发展方向、路径和具体要求。

从以上可以看出，生态产品及其价值实现理念随着我国生态文明建设的深入而逐步深化升华（表1-1，图1-1）。生态产品最初只是作为国土空间优化的一种主体功能提出的，其目的是合理控制和优化国土空间格局。随着我国生态文明建设高潮的兴起，我国对生态产品的认识理解不断深入，对生态产品的措施要求更加深入具体，逐步由一个概念理念转化为可实施操作的行动，由最初国土空间优化的一个要素逐渐演变成为生态文明的核心理论基石（张林波等，2019）。

表1-1　生态产品概念的发展历程

时间	重要文件/事件	发展历程	意义解读
2010年12月	《全国主体功能区规划》	政府文件中首次提出生态产品概念	将生态产品与农产品、工业品和服务产品并列为人类生活所必需的、可消费的产品
2012年11月	十八大报告	将"增强生态产品生产能力"作为生态文明建设的重要任务	体现了"改善生态环境就是发展生产力"的理念
2013年11月	《中共中央关于全面深化改革若干重大问题的决定》	提出"山水林田湖草是生命共同体"理念	山水林田湖草是生态产品的生产者，生态产品是山水林田湖草的结晶产物
2015年5月	《中共中央 国务院关于加快推进生态文明建设的意见》	"绿水青山就是金山银山"首次被写入中央文件，要求"深化自然资源及其产品价格改革，凡是能由市场形成价格的都交给市场"	生态产品是绿水青山的代名词和实践中可操作的有形抓手
2015年9月	《生态文明体制改革总体方案》	提出"自然生态是有价值的"，使用经济手段解决环境外部不经济性	生态产品是自然生态在市场中实现价值的载体
2016年5月	《国务院办公厅关于健全生态保护补偿机制的意见》	提出"以生态产品产出能力为基础，加快建立生态保护补偿标准体系"	将生态补偿作为生态产品价值实现的重要方式
2016年8月	《国家生态文明试验区（福建）实施方案》	首次提出生态产品价值实现的概念	将生态产品的概念扩展到价值

续表

时间	重要文件/事件	发展历程	意义解读
2017 年 8 月	《关于完善主体功能区战略和制度的若干意见》	提出"开展生态产品价值实现机制试点"	开始探索将生态产品价值理念转化为实际行动
2017 年 10 月	十九大报告	要求"必须树立和践行绿水青山就是金山银山的理念""提供更多优质生态产品以满足人民日益增长的优美生态环境需要"	将生态产品短缺看作新时代我国社会主要矛盾的一个主要方面
2018 年 4 月	习近平总书记在深入推动长江经济带发展座谈会上的讲话	要求"探索政府主导、企业和社会各界参与、市场化运作、可持续的生态产品价值实现路径"	为生态产品价值实现指明了发展方向和具体要求
2018 年 5 月	第八次全国生态环境保护大会	"进入提供更多优质生态产品以满足人民日益增长的优美生态环境需要的攻坚期"	进一步明确"良好生态环境是最普惠的民生福祉"
2018 年 12 月	《建立市场化、多元化生态保护补偿机制行动计划》	以生态产品产出能力为基础，健全生态保护补偿标准体系、绩效评估体系、统计指标体系和信息发布制度	用市场化、多元化的生态补偿方式实现生态产品价值
2019 年 9 月	习近平总书记在黄河流域生态保护和高质量发展座谈会上的讲话	提出"三江源、祁连山等生态功能重要的地区，就不宜发展产业经济，主要是保护生态，涵养水源，创造更多生态产品"	进一步明确重点生态功能区是生态产品的重要产区，为高质量发展指明了前进方向
2020 年 4 月	《全国重要生态系统保护和修复重大工程总体规划（2021—2035 年）》	强调要统筹山水林田湖草一体化保护和修复，促进自然生态系统质量的整体改善和生态产品供给能力的全面增强	明确将提高生态产品生产能力作为生态修复的目标
2020 年 4 月	《支持引导黄河全流域建立横向生态补偿机制试点实施方案》	强调"省际间横向生态补偿应紧紧围绕目标，合理安排资金，充分体现对提供良好生态产品的利益补偿""体现生态产品价值导向"	明确了生态产品价值实现的过程和方式
2020 年 5 月	《中共中央 国务院关于新时代推进西部大开发形成新格局的指导意见》	要求建立健全市场化、多元化生态保护补偿机制，构建统一的自然资源资产交易平台	完善了生态产品价值实现的市场化机制

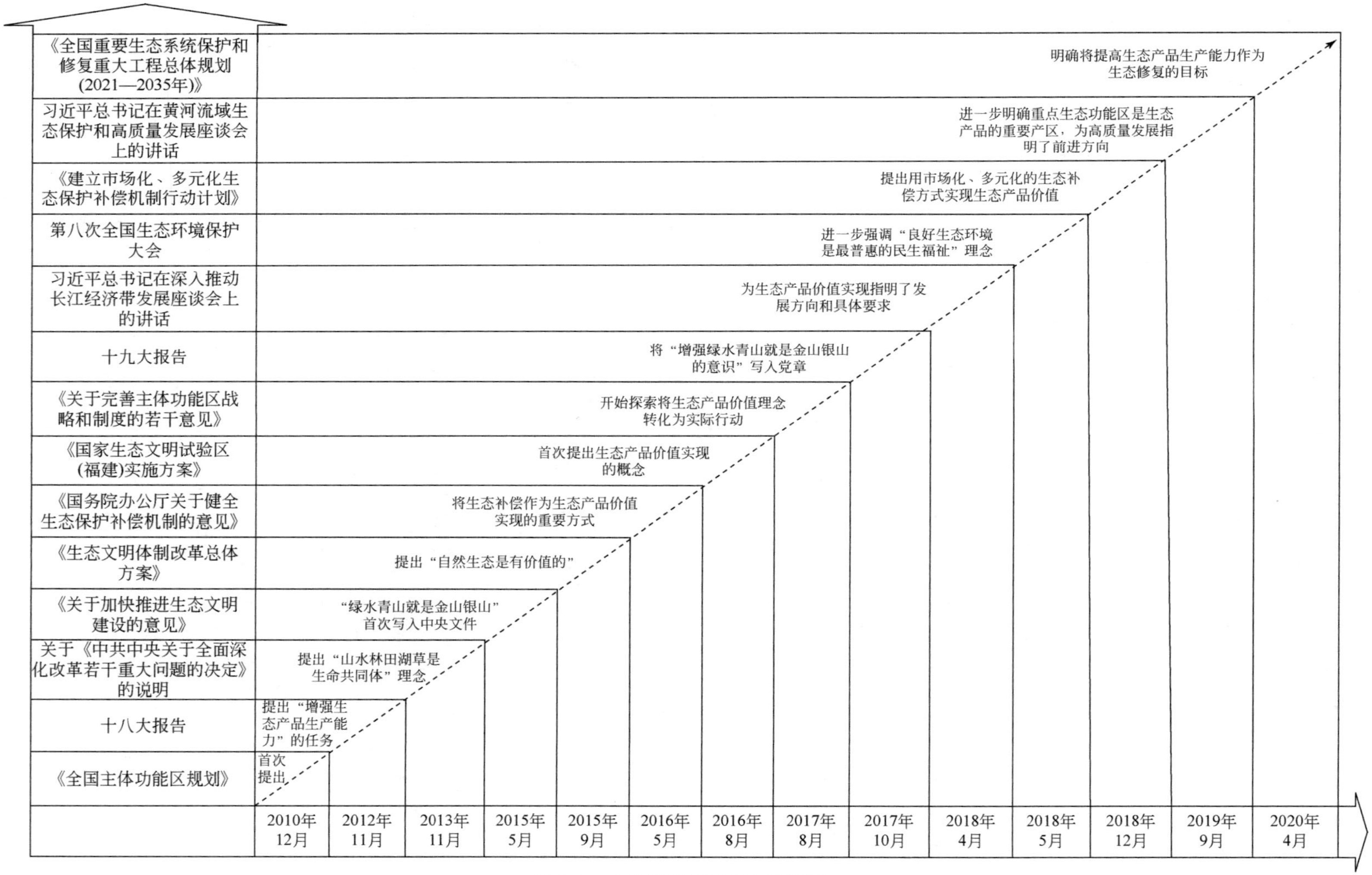

图 1-1 生态产品概念发展历程图

文件/事件（左侧列）：

- 《全国重要生态系统保护和修复重大工程总体规划(2021—2035年)》
- 习近平总书记在黄河流域生态保护和高质量发展座谈会上的讲话
- 《建立市场化、多元化生态保护补偿机制行动计划》
- 第八次全国生态环境保护大会
- 习近平总书记在深入推动长江经济带发展座谈会上的讲话
- 十九大报告
- 《关于完善主体功能区战略和制度的若干意见》
- 《国家生态文明试验区(福建)实施方案》
- 《国务院办公厅关于健全生态保护补偿机制的意见》
- 《生态文明体制改革总体方案》
- 《关于加快推进生态文明建设的意见》
- 关于《中共中央关于全面深化改革若干重大问题的决定》的说明
- 十八大报告
- 《全国主体功能区规划》

时间轴：2010年12月、2012年11月、2013年11月、2015年5月、2015年9月、2016年5月、2016年8月、2017年8月、2017年10月、2018年4月、2018年5月、2018年12月、2019年9月、2020年4月

说明内容：

- 提出"增强生态产品生产能力"的任务（首次提出）
- 提出"山水林田湖是生命共同体"理念
- "绿水青山就是金山银山"首次写入中央文件
- 提出"自然生态是有价值的"
- 将生态补偿作为生态产品价值实现的重要方式
- 首次提出生态产品价值的概念
- 开始探索将生态产品价值理念转化为实际行动
- 将"增强绿水青山就是金山银山的意识"写入党章
- 为生态产品价值实现指明了发展方向和具体要求
- 进一步强调"良好生态环境是最普惠的民生福祉"理念
- 提出用市场化、多元化方式实现生态产品价值
- 进一步明确重点生态功能区、重要生态产品的重要性，为高质量发展指明了前进方向
- 明确将提高生态产品生产能力作为生态修复的目标

1.2 生态产品价值实现的理论基础

1.2.1 概念定义及分类

生态产品是指生态系统生物生产和人类社会生产共同作用，提供给人类社会使用和消费的终端产品或服务，包括保障人居环境、维系生态安全、提供物质原料和精神文化服务等人类福祉或惠益，是与农产品和工业产品并列的、满足人类美好生活需求的生活必需品（张林波等，2019，2021a）。这个概念突出强调了三方面内涵：一是市场交易。能够进入市场交易的必须是能够体现劳动价值的产品，生态产品是人类保护、恢复与经营的结果，因此可在市场中进行交换，而单纯地将生态服务价值放入市场，操作难度大，不易实现。二是人类消费。产品的核心是物品的有用性，且能够满足人们一定的需求，生态产品生产的目的即是满足人民日益增长的美好生活需要，生态系统为人类提供福祉。三是终端产品。终端产品或服务是由生态系统过程和功能产生的具体的、可感知的、可测量的结果，它与特定人类收益直接关联，不需要通过其他生态功能和过程而直接影响人类收益，可以说生态功能和过程是产生人类福祉的手段，属于中间自然组分，它们的价值包含在终端组分中（李琰等，2013）。

根据生物生产、人类生产参与的程度以及服务类型，生态产品可划分为公共性生态产品、准公共生态产品和经营性生态产品三类（图1-2）（张林波等，2021b）。公共性生态产品是狭义的生态产品概念，与国内外学术研究中的"生态系统服务"含义相近似，是指主要通过生态系统生物生产过程为人类提供的自然产品，包括清新空气、洁净

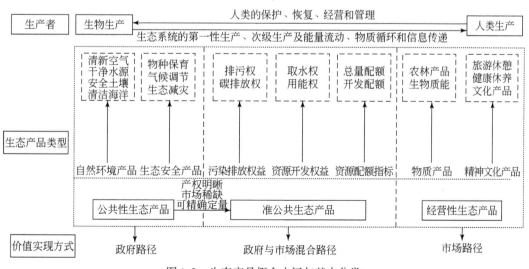

图 1-2 生态产品概念内涵与基本分类

水源、安全土壤和清洁海洋等人居环境产品和物种保育、气候变化调节及生态系统减灾等维系生态安全的产品，是具有非排他性、非竞争性特征的纯公共产品，难以通过市场交易实现经济价值。经营性生态产品是广义的生态产品概念，是由生物生产与人类生产共同作用为人类提供的产品，包括物质原料产品和精神文化服务，这类产品具有传统农产品、旅游服务等经济产品的特点，可以通过生产流通与交换过程在市场交易中实现其价值，已经被列入国民经济分类目录。准公共生态产品是在一定政策条件下具备了一定程度竞争性或排他性而可以通过市场机制实现交易的一部分公共性生态产品，介于纯公共性生态产品和经营性生态产品之间，主要包括可交易的排污权、碳排放权等污染排放权益产品和水权、用能权等资源开发权益产品，或也可以看作是生态产品通过在市场中实现交换价值的生态商品。

1.2.2 生态产品与其他相关概念的关系

1.2.2.1 生态产品与自然资源资产

自然资源资产是指产权明晰、可给人类带来福利、以自然资源形式存在的稀缺性物质资产，包括土地、矿产等资源（马永欢等，2014）。生态资源资产是指生物生产性土地及其提供的生态系统服务和产品，具体包括森林、草地、湿地、农田、荒漠、海洋等生态系统类型及其上附着的水资源、生物资源、海洋资源和环境资源等生态系统存在的载体，以及人类从生态系统获得的各种惠益，是自然资源资产的重要组成部分（TEEB，2010；傅伯杰等，2017；Costanza et al.，2017）。从形成过程上看，生态资源资产又可以划分为存量和流量，其中生态系统及其存在的载体是生态资源资产的存量，而生态产品是在某一时间段内生态资源资产依托于存量产生的增量或流量部分（高艳妮等，2019），同样也是自然资源资产的重要组成部分。生态资源资产存量类似于经济资产概念中的"家底"或"银行本金"，可以形象地将其概括成"生态家底"，而生态资源资产流量则类似于银行资产所产生的利息。一般情况下，存量价值在一段时间内是基本稳定不变的，而流量价值是随时间变化的。

1.2.2.2 生态产品与生态系统服务

与"生态产品"最为相近的概念就是在国内外学术领域广泛应用的"生态系统服务"，虽然国内外学者对生态系统服务的定义和认识存在一定的差异，但普遍来看这两个概念在定义内涵、构成内容、政策支撑和使用语境上非常相近，又有明显的区别。在定义内涵上，生态系统服务是指人类从生态系统中直接和间接获得的各种惠益（国家林业局，2016），而生态产品只是指生态系统为人类福祉提供的终端产品。除此之外，生态系统服务主要反映的是自然生态与人类之间的供给消费关系，将生态系统看作服务的生产者，人类是服务的消费者，自然生态系统与人类经济社会系统是两个相互独立的体系。而生态产品不仅将自然生态系统看作生产者，也把人类看作生态产品的生产供给者，生态产品是人类经济社会系统的一种经济产品，自然生态系统与人类经济社会系统是有机融合的一个系统，不仅反映了自然生态与人类之间的供给消费关系，还反映了人与人之间的供给消费关系。在构成内容上，生态系统服务大于生态产品的构成。生态系统服务是生态系统为人类提供的所有环境条件和效用，既包括生态系统为人类提供的直接服务和间接服务，也包括生态系统自身的结构与功能（TEEB，2010；傅伯杰等，2017；Costanza et al.，2017），还包括一些生态资源存量（石垚等，2012），但不包括干净水源、清新空气。而生态产品是生态系统服务中直接、终端的产品和服务，不包含生态系统服务中的支持服务、间接过程和资源存量，但包括干净水源和清新空气（Daily et al.，2000；李文华，2006；TEEB，2010；国家质量监督检验检疫总局和国家标准化管理委员会，2011；国家林业局，2012；Dong, et al.，2012；IPBES，2013；Wong et al.，2015；国家林业局，2016；高吉喜等，2016；傅伯杰等，2017）。在政策支撑上，生态产品将生态环境看作与农产品和工业产品并列的人类生活必需品，将生态环境纳入人类经济体系之中，是生态系统服务价值在市场中实现的载体和形式，从生产、供给、交换、消费等机制体制方面为生态系统服务价值主流化提供了明确的方向和路径，对决策支持和具体实践的作用更具体、更明确。而生态系统服务由于仍将自然生态与人类经济看作两个独立的系统，其作用更多地表现为生态保护意识提高，而其实践意义和对决策支撑的作用要远远小于在生态保护意识提高方面的作用。在使用语境上，生态产品和生态系统服务可以说是相近概念在不同情景和语境下的不同表述。学术研究领域往往用"生态系统服务"来表达生态系统为人类提供的福祉；而政府文件或媒体宣传领域，更经常使用"生态产品"概念，以反映生态产品的供给与消费关系，强调其使用属性；在表达生态产品价值化概念或统计学意义时使用"生态系统生产总值"（gross ecosystem product，GEP）（欧阳志云等，2013），对应于国民经济生产领域的GDP概念。与"生态系统服务"相比，"生态产品"概念的定义内涵更加合理规范，构成内容的边界也更为明确清晰，在政策支撑方面指明了价值主流化的具体路径方式，成为实践应用中绿水青山的代名词和具体抓手，因此，在以后的研究和实践应用中可以逐步用"生态产品"概念替代"生态系统服务"概念（表1-2）。

表1-2 生态产品和生态系统服务的区别

	生态系统服务	生态产品
定义内涵	生态系统服务是指人类从生态系统中直接或间接获得的各种惠益，主要强调了生态系统是服务的生产者，人类是服务的消费者，主要反映的是自然生态与人类之间的供给消费关系	生态产品是指生态系统为人类福祉提供的终端产品或服务，除生态系统外，人类也是生态产品的生产供给者，不仅反映了自然生态与人类之间的供给消费关系，还反映了人与人之间的供给消费关系
构成内容	生态系统为人类提供的所有环境条件和效用，既包括生态系统为人类提供的直接服务和间接服务，也包括生态系统自身的结构与功能，还包括一些生态资源存量，但不包括干净的水源、清新的空气	从构成内容上看，生态产品小于生态系统服务。生态产品是生态系统服务中直接、终端的产品和服务，不包含生态系统服务中的支持服务、间接过程和资源存量，但包含干净的水源、清新的空气

续表

	生态系统服务	生态产品
政策支撑	生态系统服务价值化可以提高政府和公众保护生态环境的意识，虽然可以为生态补偿、资源管理、城市规划等政策制定提供一定的决策依据，但由于仍将自然生态与人类经济看作两个独立的系统，其作用更多地表现为生态保护意识提高，而其实践意义和对决策支撑的作用要远远小于在生态保护意识提高方面的作用	生态产品将生态环境看作与农产品和工业产品并列的人类生活必需品，将生态环境纳入人类经济体系之中，是生态系统服务价值在市场中实现的载体和形式，从生产、供给、交换、消费、机制体制等方面为生态系统服务价值主流化提供了明确的方向和路径，成为绿水青山在实践中的代名词和可操作的抓手，对决策支撑和具体实践的作用更具体、更明确
使用语境	多应用于学术领域和国外的相关研究中	多用于政府文件或实践应用领域中

1.3 生态产品价值实现的重大意义

生态产品价值实现是我国在生态文明建设理念上的重大变革，生态环境被看作满足人类美好生活需要的优质产品，可以转变成为可消费交换的经济产品。生态产品的概念丰富和拓展了马克思生产力与生产关系理论，是实现"绿水青山就是金山银山"理论的核心基石和具体路径。

第一，践行生态产品价值实现理念是贯彻落实党和国家战略部署的重要举措。生态产品价值实现是党和政府提出的一项重大战略部署，是我国在生态文明理念上的重大变革，为"绿水青山就是金山银山"理论提供了实践抓手和价值载体。生态产品及其价值实现理念将生态环境看作与农产品、工业产品并列的人类生活必需品，强调生态环境是有价值的，保护自然就是增值自然价值和自然资本的过程，就应得到合理回报和经济补偿，要通过经济方式解决生态环境外部性问题。生态产品的价值要通过在市场中交易得以实现，价值规律应在生态产品的生产、流通与消费过程中发挥作用，要运用经济杠杆实现环境治理和生态保护的资源高效配置。生态产品与山水林田湖草的生命共同体理念一脉相承，山水林田湖草是生态产品的生产者，生态产品是山水林田湖草的结晶产物，生态环境保护理念由要素分割向系统思想转变，用生命共同体的系统理念保护生态环境。生态产品价值实现理念随着我国生态文明建设的深入而深化升华，逐步演变成为贯穿习近平生态文明思想的核心主线，是贯彻落实习近平生态文明思想的重要实践抓手。长江经济带具有生态产品价值实现的良好基础和资源条件，应该积极践行生态产品价值实现理念，促进"绿水青山"向"金山银山"转化。

第二，践行生态产品价值实现理念是国家对长江经济带生态文明建设的具体要求。为全国发展探路是党和国家对长江经济带的一贯要求，在生态文明建设方面，长江经济带也肩负着为全国探路的重任。2016年1月，习近平总书记在重庆召开推动长江经济带发展座谈会并发表重要讲话，他不仅强调推动长江经济带发展是一项国家级重大区域发展战略，更明确指出，推动长江经济带发展必须坚持生态优先、绿色发展的战略定位。2018 年 4 月，习近平总书记在武汉主持召开深入推动长江经济带发展座谈会并发表重要讲话，他强调，推动长江经济带发展是党中央做出的重大决策，是关系国家发展全局的重大战略。新形势下推动长江经济带发展，关键是要正确把握整体推进和重点突破、生态环境保护和经济发展、总体谋划和久久为功、破除旧动能和培育新动能、自身发展和协同发展的关系，坚持新发展理念，坚持稳中求进工作总基调，坚持共抓大保护，不搞大开发，加强改革创新、战略统筹、规划引导，以长江经济带发展推动经济高质量发展。

第三，践行生态产品价值实现理念是促进长江经济带区域协同发展的有效手段。长江经济带 GDP 总量近 41 万亿元，约占全国的一半，但上中下游经济发展水平、城市化水平、产业化发展差异较大，中、上游人均 GDP 仅仅为下游的 60.6% 和 50.7%。上游三产占比为 47.6%，中游三产占比为 47.07%，下游三产占比为 53.3%。上游城市化水平为 53.36%，中游城市化水平为 57.45%，下游城市化水平为 67.21%。城乡居民收入差距空间分异显著，上游城乡居民收入比高达 2.89，中游和下游城乡居民收入比分别为 2.43 和 2.22[①]。因此，按照"绿水青山就是金山银山"的理论，建立生态产品价值体系，完善生态补偿机制，进一步构建生态付费机制，实现生态产品的价值有效度量，提高生态产品供给能力，探索生态产品产业化增值途径。长江经济带应充分借力国家战略，将其作为促进生态产品价值实现的重要空间载体，实现生态产品价值的横向补偿，保证生态产品生产的持续性；以生态产品价值实现为契机，促进上中游地区发展，进一步缩小区域差距，促进区域协同发展。

---

① 社会经济相关数据来自国家统计局《中国统计年鉴 2019》。

2 生态产品价值实现的国内外实践
与经验启示

2.1 国内外生态产品价值实现的典型实践与经验启示

2.1.1 建立政府主导的市场化生态补偿机制

公共性生态产品是最普惠的民生福祉，生态补偿是公共性生态产品最基本、最基础的经济价值实现手段，是一种保底的生态产品价值实现方式，建立以政府为主导的生态补偿机制是公共性生态产品价值实现的重要方式和途径。国内外开展了大量形式多样、机制灵活的生态补偿实践。我国现有生态补偿主要可以分为四类，包括以上级政府财政转移支付为主要方式的纵向生态补偿、流域上下游跨区域的横向生态补偿、中央财政资金支持的各类生态建设工程、对农牧民生态保护进行的个人补贴补助（张林波等，2021b）。三江源是中央财政以转移支付为主要方式对重点生态功能区开展纵向生态补偿的典型代表。我国实施的天然林保护工程可以看作政府以投资人身份实施的提高生态产品生产能力的纵向生态补偿。新安江跨省流域横向生态补偿是浙江、安徽两省开展的跨省流域上下游横向生态补偿，以跨省断面水质达标情况"对赌"的形式决定补偿资金分配比例的"新安江模式"（麻智辉和高玫，2013），成为国内横向生态补偿的标杆之一。国际上的普遍做法是建立专门的负责机构和专项基金，通过政府财政转移支付或市场机制进行生态补偿。哥斯达黎加成功地建立起生态补偿的市场机制，政府购买生态产品的补偿模式极大地调动了全国民众生态保护与建设的热情。巴西建立了依据生态环境保护成效的财政转移支付制度，有效提高了地方政府生态保护的积极性（Zbinden and Lee，2005）。芬兰、瑞典森林生态补偿是欧洲版的"天然林保护工程"，根据由18项指标构成的指标体系对森林的生物多样性价值进行分级评估，确定生态补偿的金额（Mantymaa et al.，2009；陈洁和李剑泉，2011）。美国耕地休耕保护项目（CRP）是美国版的"退耕还林"计划，采用按环境效益指数（EBI）排名反向竞标的方式提高了资金的生态保护效益（Classen et al.，2008）。纽约饮用水水源地是流域上下游之间开展的跨区域横向生态补偿的典型案例，通过在上游地区综合采用收购土地、保护地役权购买、生态保护恢复工程等措施，用较小的代价为纽约提供了优质饮用水（NYCDEP，2006）。

专栏1：巴西生态补偿财政转移支付制度

（1）背景

巴西是世界上森林资源和生物多样性最丰富的国家之一，拥有世界上面积最大的热带雨林。20世纪90年代之前，巴西联邦政府尚未清楚地认识到森林的巨大生态效益和社会效益。随着森林尤其是热带雨林的过度砍伐，生态环境严重恶化，巴西联邦政府逐渐认识到生态环境保护的重要性，先后颁布了《环境法》《亚马孙地区生态保护法》等法律加强生态环境保护，但严格的生态环境保护措施严重阻碍了地方社会经济的发展并影响了政府的财政收入，尤其是一些拥有大面积生态环境保护区以及处于流域上游区域的地方政府。受此影响的地方政府向州议会、州政府甚至中央政府施加压力。

基于生态环境保护和公共服务均等化两方面的考虑，自20世纪90年代初，巴西各州政府开始逐步实行生态补偿财政转移支付制度。巴西第一个开展生态补偿财政转移支付实践的州是巴拉那州。1990年，巴拉那州制定相关法律和实施条例，考虑将生态因素作为财政转移支付的指标纳入转移支付计算公式中。1992年，巴拉那州正式实施生态补偿财政转移支付制度。继巴拉那州后，又有米纳斯吉拉斯州等10个州陆续对生态补偿财政转移支付制度进行了立法，并相继建立了生态补偿财政转移支付制度。

自实施生态补偿财政转移支付制度起，巴拉那州境内9年间各种生态保护区面积增加了100万公顷，增长了165%；而在米纳斯吉拉斯州，5年间生态保护区面积增加了100万公顷，增长了62%，州级和市级生态保护区面积都出现了较大幅度的增长，其中市级生态保护区面积增长了236%，生态补偿财政转移支付制度成为地级政府新建保护区、提高保护区环境质量、加强行政区域内生态环境保护的主要动力。

（2）生态产品及各方责任

生态保护区内天然的自然环境是生态产品。涉及各方主要为政府和生态保护区。联邦政府将商品与服务消费税按照一定的比例分配给州政府，州政府引入生态因素再把商品与服务消费税分配给生态保护区，生态保护区通过商品与服务消费税保护生态保护区的生态环境。

（3）主要做法

根据巴西财政数据，各州政府收入的主要来源是商品与服务消费税（等同于我国的增值税），一般会达到税收收入的90%左右。巴西联邦政府规定：各州政府必须按照一定的标准将1/4的商品与服务消费税返还给各个市级政府。其中，税收返还的3/4按照各个市级政府创造的增值额进行分配，余下的1/4可以由各州立法机关按照各种因素分配，一般是按照县域面积、人口数与经济发展状况等因素进行分配，20世纪90年代之后开始将生态因素考虑在内。

一是设定生态指标权重。巴西容多尼亚州没有引入生态因素之前，均衡财力因素权重为19%，引入之后，均衡财力因素权重降低5%，正好赋予了生态因素，而其他的财政转移支付因素的权重基本上没有变化，而5%的生态因素，使得容多尼亚州的财政转移支付具备生态保护能力。

二是生态指标的构成与权重系数。巴西的生态补偿财政转移支付基础是生态指标的构建，转移支付所选取的因素主要包括水资源状况、水土流失控制状况、固废管理及"保护单元"，其中"保护单元"是生态指标的基础，所谓"保护单元"是指不同级别（联邦、州、地市）生态保护区以及由于生态环境保护目的而被禁止开发的森林公园、森林缓冲区等。同时"保护单元"并不是单一种类的保护性土地，而是由不同种类的保护性土地构成，权重系数都不相同。最终地市政府得到的财政资金等于该地市生态指标乘以州政府生态补偿财政转移支付资金总和。

专栏2：美国纽约市饮用水源补偿计划

（1）背景

纽约市供水系统每天向纽约及周边地区的900多万人口提供饮用水，是美国供应量最大的、未经过滤的饮用水，并且其水质一直被认为是美国最好的城市饮用水水质。有90%的用水来源于125英里①外的卡茨基尔和特拉华河流域。这两个流域流经地区主要为农村区域，总面积约1600平方英里，人口约7.7万，其中森林占总土地面积的75%，以森林工业和畜牧业为主，大约有130个木材公司和350个奶牛场；其余10%的用水来源于一个较小的、工业化程度较高的克罗顿流域。这些流域提供的水质历来很好，但在20世纪80年代后期，非点源污染、污水污染、土壤侵蚀及微生物污染等不断加剧，严重影响着水资源质量，威胁着纽约市居民用水安全。为此，美国国家环境保护局（U.S. Environmental Protection Agency, EPA）修改了《地表水处理规则》，要求不论地表水源质量如何，公共供水系统都必须对水进行过滤，同时也规定了豁免条款：如果一座城市采取了其他必要措施，能够源源不断地供应安全饮用水，则EPA允许该城市不建造水处理厂。

按照上述要求，纽约市对克罗顿流域的水采取了"建设水处理厂过滤"的方式，建设水处理厂的初始预算为6亿美元，但最终造价高达30亿美元；对卡茨基尔流域和特拉华河流域的水源进行管理时，有两个备选方案：一是建立新的过滤系统，建造费用约60亿美元，预计使用寿命为10年，每年还需3亿美元的运营费用，总投资至少要63亿美元；二是实施有效的流域合作和管理，使来自该流域的水不需要过滤就可达到安全的饮用水要求，从而免于修建水处理厂。经测算，通过对上游流域在10年内投入10亿～15亿美元以改善流域内的土地利用方式和生产方式，水质就可以达到安全的饮用水要求。在分析两个方案的成本后，纽约市选择与上游流域开展合作并投资水源地保护，相关协议于1997年通过《纽约市流域协议备忘录》正式确定，并执行至今。

---

① 1英里≈1.609千米。

（2）生态产品及各方责任

涉及生态产品主要为干净水源，涉及范围主要是位于卡茨基尔和特拉华河流域上游的特拉华州以及下游的纽约市。特拉华州的农民、其他土地所有者是生态产品的生产者，通过参加"全农场计划"项目，按照规定的最佳管理方法，降低了进入该流域生态系统的污染物数量，包括减少来自离散地点的点源污染物（如废水处理厂的污染物）和农药等扩散性的面源污染物。纽约市饮用水的消费者是生态产品的受益者，通过缴纳税费和最终由纳税人支付的债券基金等形式进行付费。

（3）主要做法

一是多元化融资渠道。第一，纽约市民投票通过了政府对水用户征收附加税；第二，纽约市通过发行公债筹集资金；第三，卡茨基尔未来基金向卡茨基尔流域的环境可持续性项目提供6000万美元的贷款和捐赠，纽约市信托基金向卡茨基尔流域的水质改良与经济发展项目提供了2.4亿美元，向特拉华河流域项目提供了7000万美元。

二是生态保护补偿。第一，实施成本补助计划。纽约市为那些采取最好的管理措施的农场主和森林主提供了4000万美元的补助，很多农场主都表示，只要发放的补助可以抵消所有新增成本，他们都愿意采取这样的措施，350个农场主中有317个同意参加该项目。第二，完善森林管理的采伐许可。为了回报木材公司在林业管理方面所作的改进，如减少采伐对森林的影响，政府授予木材公司在以前无权采伐的区域进行采伐的许可证。第三，对土地利用区别征税。拥有50英亩①以上的森林主，如果愿意采取一个十年期的森林管理计划，政府就可以对其减免80%的财产税。

三是所有权转移。第一，对土地全权购买。纽约市购买了水文敏感的土地，如那些位于水库、湿地和水道附近的土地。第二，政府对开发权的获得和转让。政府根据市场价购买一些对水质变化有重要影响的土地的开发权。这些权力分配给农场主和采伐公司，作为回报，农场主与采伐公司必须采用最好的管理措施。第三，保护地役权。根据联邦保护区促进项目，农场主与森林主可以与美国农业部签订10~15年的合同，将生态敏感的土地退出生产领域。

专栏3：美国土地休耕保护计划

（1）背景

美国由于人口的快速增加而大肆开发土地，农作物的种植面积不断扩大，导致原为多年生植被覆盖的土地（如森林、灌木林和草原）以及广袤的低生产力的边缘土地都被转化用于农作物生产。随着农业机械技术和更先进的农业设备的出现，采用密集

---

① 1英亩≈0.405公顷。

机械化方式耕种的农田面积不断扩展。广袤的中西部大平原由于强力耕作而未考虑到足够的水土保持措施，暴发了一系列的自然灾害，史上称为美国"黑风暴"。为了应对这一困境，美国国会于1929年授权美国农业部进行土壤侵蚀研究，并建立了专门基金。在进行了实地的调查和监测后，美国开始了大规模的土地环境保护和生态补偿计划。这些生态补偿计划包括保护储备计划、湿地储备计划、保护储备加强计划以及上述计划的替代政策，如支付成本费用和保护遵守规则等。这一系列措施被统称为美国土地休耕保护计划。该计划是一个志愿性的计划，其主要目的是提高水质、减少水土流失、改善野生动植物栖息地环境，该计划最早经《食品安全法案》授权，由美国农业部下属的农业服务局（FSA）负责管理，由自然资源保护服务局（NRCS）和美国农业部的其他有关机构提供技术支持。计划实施30年来，一批地力下降严重、生态环境脆弱的土地得到休养生息，土壤、水质以及野生动物栖息地环境的保护取得明显进展。

（2）生态产品及各方责任

涉及的生态产品主要为土地资源，涉及各方主要有农户和政府。农户在农地上实施特定的保护措施，提出方案和土地租金收入金额，并与商品信贷公司签订合同，以反向拍卖的形式进行招投标。政府从税收资金中对符合条件的农民进行相应的补偿。

（3）主要做法

一是租金收入。美国土地休耕保护计划规定，如果农民拥有符合项目要求的土地，且同意为了改善环境质量而移除耕地上的农作物并种植多年生植被，可以依据所签订的合同换取10~15年的土地租金收入。美国土地休耕保护计划的反向拍卖制度是该计划的主要政策创新点，比起简单地按每英亩补贴，反向拍卖制度更有效地确保了环境效益。具体而言，农户在其所有的某块具体的农地上实施特定的保护措施提出方案和要求获得的租金收入金额。

二是标书申请。每一轮接受投标注册的时间窗口大约为一年，在此期间提交的投标会按环境效益指数（EBI）进行排名。EBI分数是根据土地及其相关的水质保护、侵蚀控制、野生动植物保护的价值和土地的租金计算的，投标按EBI分数的排名由高至低顺序中标，直到累计中标面积达到最大规定总面积为止。但是美国土地休耕保护计划中土地的合计面积不能超过每个行政区域农田总种植面积的25%。农民们需要相互竞争，才能中标加入该计划。农民可以通过以下两种方式提高EBI分数，从而增加中标可能性：首先，降低其要求的土地租金收入；其次，在一块土地上实施具有更高保护价值的土地保护活动。农业服务机构设定合同的租金上限，租金价格因土地生产力和作物价值不同而有所区分，这些租金信息将提供给土地所有者，作为其准备标书时的参考。

三是成本及补贴。符合该计划要求的农田或牧场必须是在过去6年中进行过4次农业生产，或者是属于靠近水源的边缘农田或草场。对于符合要求的土地，该计划还将分担最高50%的土地转换成本，并提供最高达年租金20%的额外保护补贴（如建造防风林、滤水带、河岸缓冲区的补贴）。向农民提供的补贴，特别是在农作物价格低廉时提供的补贴，是在政策上和资金上获得支持的关键。

2.1.2　建立生态系统服务付费制度

生态系统服务付费是国内外学术领域与生态产品价值实现相近似的概念，一般意义上讲，生态产品价值实现的各种模式都可以统称为生态系统服务付费。生态系统服务付费具有明确的生产消费关系和交易主体，包括受益者付费和开发者付费两类。涉及的生态产品基本以干净水源为主，多是交易双方采用协议的方式进行交易，交易付费的方式包括现金、实物、租金、技术支撑等。无论是发达国家还是发展中国家都有比较成功的、值得借鉴的案例。例如，法国毕雷矿泉水公司通过对莱茵河-默兹河上游的土地所有者提供补偿，保证了水源蓄水层不受农业面源的影响；哥伦比亚考卡河流域季节性缺水和洪涝对农业生产造成影响，灌溉者协会自觉支付更多水费补偿上游植树造林，增加森林水文调节能力（Pagiola and Rios，2008）；哥斯达黎加 Energia Global（EG）水公司为了保证发电所需水量、减少泥沙淤积，补偿上游地区开展植树造林（Pagiola and Rios，2008）。

> **专栏 4：法国毕雷矿泉水公司和上游水源地补偿制度**
>
> （1）背景
>
> 　　随着全球水环境问题的突出，水质呈现不断下降的趋势，同时瓶装水的市场需求却在急剧增长。对于生产瓶装水的公司来说，公司利润不仅取决于市场需求，更为重要的可能还取决于公司以合理的成本确保水源水质的能力。很多生产瓶装水的公司大都是在原有水源水质下降后，转而开发利用新水源。世界最大的天然矿泉水公司 Perrier Vittel S. A（简称 Vittel），早早地意识到保护水源比建立过滤厂或不断迁移到新的水源地在成本上更为有利，因此采取了购买保护水质的生态服务措施。
>
> 　　20 世纪 80 年代，Vittel 公司的水源地受到当地养牛业的污染，因此，该公司开始实施一项改善水质的计划，该计划在法国东北部莱茵河-默兹河流域的支流流域地区实施。该协议主要内容包括流域内的植树造林和对商业活动非点源污染的控制，而这正是政府水管理部门成效甚微的领域。这项协议纯粹属于私人协议，政府仅仅支付总体费用的很小一部分，其中法国国家农业部支付研究费用的20%，而法国水管理机构支付建造和监管现代谷仓费用的30%。通过实施该计划，该公司成功地减少了非点源污染，水质监测结果说明该计划可有效地满足对水质的需求。
>
> （2）生态产品及各方责任
>
> 　　该项目中生态产品是干净水源，涉及各方主要为农民和毕雷矿泉水公司。农民做为生态产品的提供者，通过减少农业面源污染和奶牛养殖的方式，保障河流水质，为矿泉水公司提供优质水源。毕雷矿泉水公司作为生态产品的受益方，可享受优质水源，进行矿泉水生产并获取收益，其主要责任是对为了保障优质水源而付出努力的农户进行补偿。

（3）主要做法

一是购买所有权。Vittel 公司投资约 900 万美元购买了水源区 1500 公顷的农业土地。公司以高于市场价的价格吸引土地主出售土地，并承诺将土地使用权无偿返还给那些愿意改进土地经营措施的农户。

二是签订合同。Vittel 公司与愿意将土地转向发展乳品业和采用草场管理新技术的农场签订 18~30 年的合同，这些合同涉及 40 个农场，总土地面积为 1 万公顷。公司向农场支付的费用不是基于污染物容量与水质的关系，而是根据使用新技术所承担的风险和可能减少的利润来计算的。公司每年向每个农场每公顷土地支付 320 美元，连续支付 7 年。按每个农场平均投资 15.5 万美元，总计达 380 万美元，补偿金占农场可支配收入的 75%。同时，公司向农场免费提供技术支持，支付新农场设施的购置费用和现代化建设相关费用，而作为一项交换条件，公司在合同期内拥有这些建筑和设备的所有权，有权监督它们的合理利用。

三是经验推广。Vittel 公司收购了 Perrier 公司和 Contrexeville 公司，并将这种模式推广到这些公司。Contrexeville 公司位于 Vittel 公司附近，这种模式很容易得到推广。Perrier 公司位于法国南部，那里的磷素和除草剂是主要的水污染源，该公司成功地向 20 个农场引荐了生物农业，涵盖近 350 公顷的谷物、200 公顷的葡萄园，正常的监控面积达到 900 公顷，迅速推动了水源区农民采用新的农业技术措施。而法国其他生产瓶装水的公司，如 Evian 公司和 Volvic 公司，也已经开始考虑采用 Vittel 公司的经验模式。

专栏 5：哥斯达黎加 EG 公司付费造林模式

（1）背景

哥斯达黎加 EG 公司是一家位于萨拉皮基河流域，为 4 万多人提供电力服务的私营水电公司，其水源区是面积为 5800 公顷的两个支流域。但公司依靠的水源来自两个小水库，其水量只能满足 5 小时的运转。EG 公司认为，要想使河流年径流量均匀增加，同时减少水库的泥沙沉积，就必须提高上游地区的森林覆盖率。根据哥斯达黎加其他地区的水文研究结论，假设要达到预定的发电量必须获得更多的水流量的话，EG 公司估计，如果它对流域内的投资能成功地增加 46 万立方米的径流量（花费约 3 万美元），那么公司就能够盈利。

EG 公司与政府联手，建立共同基金，补偿上游地区符合要求的私有土地主，促使其改变土地利用方式以涵养水源。在哥斯达黎加境内的另外两家公共水电公司和一家私营公司也都通过国家林业基金的方式向保护流域水体的个人进行补偿。

（2）生态产品及各方责任

该项目涉及的生态产品主要为水资源，涉及各方主要有私有土地主、政府和 EG

公司。私有土地主负责造林，控制土壤侵蚀和增加水源涵养能力。政府和 EG 公司以资金形式对上游私有土地主进行补偿获得充足的水资源。

（3）主要做法

流域上游符合要求的私有土地主将获得 48 美元/公顷的生态补偿资金，48 美元/公顷不是根据水文服务功能的价值来定的，而是大体相当于原有土地利用形式的机会成本——主要是畜牧业的潜在收入。其中，EG 公司按土地 18 美元/公顷的标准，将补偿资金缴付国家林业基金，国家政府基金则按土地 30 美元/公顷的标准额外追加补偿资金。补偿资金以现金的形式直接支付给上游的私有土地主，并要求获得补偿的私有土地主必须同意将他们的土地用于造林、从事可持续林业生产或保护有林地。而刚刚进行采伐的林地，或计划用人工林来取代天然林的私有土地主将无法获得补助资格。

当地的一家非政府组织 FUNDECOR 负责监督这些保护活动的实施，并进行司法行政管理。同时，哥斯达黎加环境部正在积极地将 EG 公司的理念向国家电力公司和水业公司推广，致力于将这样的补偿机制推广到国家事业公司。

2.1.3　依托明确的产权实现生态权属交易

建立公共性生态产品的市场交易机制是生态产品价值实现最大的难点，也是最为关键和最重要的任务。生态权属交易是生态产品在满足特定条件成为生态商品后利用市场机制实现生态产品价值，是相对完善成熟的公共性生态产品直接市场交易机制，主要包括排污权交易、碳汇交易、水权交易和用能权交易等。与生态系统服务受益付费不同，生态权属交易多是干扰者付费，买方主要是可能对生态系统造成影响或破坏的经济主体。浙江东阳、义乌两市开展的我国首例水权交易虽然还存在一些问题（沈满洪，2005），但为公共性生态产品的权属交易提供了有价值的参考借鉴。美国创立的针对河流营养元素的水污染排污权交易制度，这是一种灵活的、成本有效而且公平的途径，从经济上刺激非点源污染者加入污染控制行列（徐祥民和于铭，2005）。美国通过明确森林碳汇项目，确认林场主森林碳信用额，制定碳汇交易流程，充分调动了林场主植树造林的积极性。

专栏 6：美国水污染排放权交易制度

（1）背景

政府治理水污染，通常通过制定一定的水质标准或规定特定点源污染源的容许排放量来控制水质。为了达标，点源污染单位常常不得不对一些昂贵的废物处理技术进行投资。但是目前还没有专门的非点源污染的容许排放标准，规章制度在降低河流营养元素含量方面并不成功，因此，需要在各地建立先进的处理工厂，以确保饮用水的质量。美国很多河流由于营养元素含量的不断增加，水质迅速下降，美国的几个地区创立了针对河流营养元素的水污染排污权交易制度，这是一种灵活的、成本有效而且公平的途径，它能使流域达到甚至超过规定的水质标准，并从经济上刺激非点源污染者加入污染控制行列。

（2）生态产品及各方责任

该制度涉及的生态产品主要为水资源，涉及各方主要是政府及污染者。政府制定政策，不同污染者之间可以进行水污染排污权交易，点源污染者将污染物排放量控制在容许的水平以下，非点源污染者通过采取生态上合理的农业措施来减少污染。

（3）主要做法

不同污染者之间可以进行水污染排污权交易，即一家污染单位用较低的成本将污染物排放量降低到规定的水平之下，并可将其节省的这部分排放指标出售给其他认为购买指标比执行标准的成本更低的污染单位。这样，点源污染者和非点源污染者都有动力来减少污染物排放量，从而使指标买卖能够成交。一是点源污染者与非点源污染者的指标交易：在点源污染者与非点源污染者的交易中，对某一种养分的排放总量做出了规定，排放限制是针对点源污染者的，并且允许其与非点源污染者进行交易。由于非点源污染具有很大的不确定性，所以点源污染与非点源污染具有不同的特征。为了在降低点源污染与非点源污染之间进行单位对等的交易，建立了等价或比例关系。二是点源污染者之间的信贷交易：这种交易不需要建立比例关系。在美国北卡罗来纳州的 Tar-Pamlico 流域，点源污染者成立了协会，协会成员可以在一个规定的排放量下进行相互交易。如果协会成员不能保持在规定的排放量之内，他们就必须向一个基金缴费，以资助政府的项目，用以促进流域内农场主采用最好的管理措施。

专栏7：美国森林碳汇交易制度

（1）背景

森林碳汇是指森林植被吸收大气中的二氧化碳并将其固定在植被或土壤中，从而减少该气体在大气中的浓度。由于森林吸收二氧化碳投入少、成本低、简单易行，森林碳汇功能日益受到重视。欧美各国已将扩大森林覆盖面积作为未来 30～50 年可行性高、成本较低的减缓气候变暖的重要措施。

美国地域辽阔、土地肥沃、气候多样，因此树种也比较丰富。美国森林面积为 2.98 亿公顷，居世界第 4 位，覆盖率为 33%。森林蓄积量为 211 亿立方米，年净生长量为 6 亿多立方米。目前，美国已成立多家二氧化碳排放交易机构，其中从事森林碳汇交易的机构主要有4家：一是芝加哥气候交易所；二是加利福尼亚州气候行动登记所；三是区域温室气体排放倡议；四是国家自愿申报温室气体排放计划。其中，芝加哥气候交易所影响最为显著。交易时，林场主经营的碳汇项目要经美国森林碳汇认证机构认证，并获得政府颁发的森林碳汇交易许可证或碳汇信用项目注册登记认证后才能向交易所申请上市交易。

（2）生态产品及各方责任

该制度涉及的生态产品主要为森林资源，涉及各方主要是林场主、企业及政府。政府制定政策和建立碳汇交易市场，保障森林碳汇交易；企业购买碳信用额度，支付林场主补偿金；林场主通过植树造林保持森林固碳能力。

（3）主要做法

一是明确森林业主经营的森林碳汇项目。美国有三种森林碳汇项目，分别为造林方案、森林可持续管理方案、生产长存木材制品方案，森林土地所有者必须经营其中一项，方可参与碳信用交易。第一是造林方案。所需土地必须是在过去50年以来的无林地或1990年以来的无林地。该方案基于芝加哥气候交易所提供的碳累计表，供森林业主们计算造林方案的碳汇。在合同期间，无论树木稀疏，还是砍伐行为都是允许的。目前，植树造林是美国森林业主经营最多的森林碳汇项目。第二是森林可持续管理方案。包括已被第三方认证为可持续管理的现有的林地。在合同期内，碳储量的增长必须超过树木稀疏、砍伐或者死亡导致的碳移除，即森林业主最后赚取的碳信用额等于可持续管理森林产生的碳信用额减去林地流转和森林灾害造成的碳移除，加上用于生产长存木材制品的碳信用额。在美国，管理森林的方案还没有引起足够的重视。第三是生产长存木材制品方案。此方案下，碳信用额是基于对该木材制品使用的预期或堆填100年后的碳汇来计算的。

二是确认森林业主森林碳信用额。碳信用是碳汇的市场用语，由吨二氧化碳等值当量来计量。通过计算森林容积，可将其转换为碳交易的重量。当树木成长时，参与碳信用交易的森林业主可以赚取和销售碳信用。通过计算机模型，可调整土地的生产力和增长率以及林段的碳汇从而对可赚取的碳信用额进行测算。

三是森林碳汇交易流程。美国参与交易的商业实体大部分是大公司或其他煤、天然气或石油的化石燃料的厂商。当参与企业达不到减排目标，就必须从其他个体（超额完成减排目标）或碳汇项目购买碳信用额度，"抵消"超额的排污指标。而森林业主由认证机构认证后进入碳汇交易市场，通过碳聚合者出售碳信用给这些实体。信用额则由在芝加哥气候交易所注册的企业实体（大型）或碳聚合者（小型）来交易。

2.1.4 以土地为载体促进生态产品价值实现

山水林田湖草等生态资源是生态产品的生产者或生产载体，生态资源通过产权交易可以作为生产要素投入经济生产活动实现价值增值。从各国的实践来看，生态资源产权交易包括林权和保护地役权交易等模式。例如，重庆建立森林地票制度，通过将农村闲置的宅基地复垦成耕地、林地、草地等生态用地，折算成可交易的地票指标，国有企业、民营企业、土地储备机构和投融资平台等竞买者用经济手段购买地票获得土地开发权（杨庆媛和鲁春阳，2011）。起源于美国的保护地役权制度通过支付费用或税费减免方式限制土地利用方式，在不改变土地权属的情况下以低成本实现保护生态环境的目标。美国农业部自然资源保护局通过购买耕地保护地役权，运用灵活的经济手段保护耕地免受开发占用（Classen et al.，2008）。

专栏8：重庆农村土地地票交易

（1）背景

重庆地貌以丘陵、山地为主，总面积为8.24万平方千米，其中76%为山地，随着农村耕地减少、农民进城打工人数不断增加，城市用地越趋紧张，未来发展空间不足，城镇化率不高现象愈演愈烈且矛盾凸显。而大量农业劳动力转移到城市，致使农村建设用地、宅基地闲置，"空心村"数量剧增。1997~2009年，重庆农村常住人口减少约31%，同期农村人均占用建设用地升至262平方米，增长43%，超过国家标准，浪费严重。为破解城乡建设用地双增长困局，地票制度应运而生。重庆地票制度始于2008年，经中央同意，重庆成立农村土地交易所，正式开启了地票交易试点，在全国首创了地票交易制度。2015年12月3日，重庆正式出台了《重庆市地票管理办法》，围绕复垦、交易、使用三个环节，更加规范了农民资产市场化交易，地票制度体系形成。2018年5月，重庆印发了《关于拓展地票生态功能促进生态修复的意见》，地票将拓展生态功能，按照"宜耕则耕、宜林则林、宜草则草"等原则，在生态环境敏感区和脆弱区、生态保护红线区、林区和重要水源保护区等，可结合实际复垦为宜林宜草地，经验收合格后均可申请地票交易，这一制度首先在巫溪、城口、酉阳、彭水、奉节、巫山6个县试点实施。

（2）生态产品及各方责任

土地是社会经济活动和生态产品生产的载体，也是生态资源资产的存量。地票交易制度就是以土地为载体的生态产品价值实现的机制，地票交易的各方包括农民及农村集体组织、政府和竞买者。政府将已批准实施的土地利用总体规划、城镇规划作为地票制度实施依据，通过总量调控、规划布局等，使耕地等生态用地增加，从而提供更多生态产品；农民及农村集体组织改变宅基地土地利用用途，将其转化改造成具有生态产品生产能力的生态用地；竞买者主要用经济手段购买地票获得土地开发权，取得收益。

（3）主要做法

《重庆市地票管理办法》对地票指标产生程序进行了明确规定和要求。地票制度把地处偏远农村的闲置宅基地通过复垦，验收折算成地票，统一在土地交易所挂牌交易，交易成功后，农民可获一定比例的财产性收入。土地交易所会发布公告，公开市场定价，接受竞买单位报名并公开组织交易，采取挂牌或拍卖方式确认成交，征为国有土地后，取得城市土地使用权。复垦后形成的新增耕地仍归农村集体组织所有，优先由原农户承包经营，竞买者购买地票指标后多用于房地产开发用途。交易价格需在基准价格的基础上综合考虑耕地开垦费、新增建设用地土地有偿使用费等，交易总量原则上不超过当年国家下达的新增建设用地计划的10%。收益分配基本原则是收益归农，地票价款扣除复垦成本后的净收益全部归农民及农村集体组织所有，农民与农村集体组织按85∶15比例分配收益。农户的地票收益由土地交易所直接打入农户银行账户；农村集体组织的地票收益部分归农村集体组织，主要用于农民社会保障和新农村建设。政府对主城区以外的区域实行差异化地票使用政策，按面积分配年度建设用地计划和空间指标。

专栏9：美国农业保护地役权购买计划

（1）背景

美国土地资源和农地资源丰富，其土地主要有三种所有制形式：私人土地、联邦政府土地和州政府土地，其中私人土地约占58%，联邦政府土地约占32%，州政府土地约占10%，大部分土地属私人企业和个人。但是美国在城市化进程中也出现了严重的农地非农化现象，于是美国引入土地分区管制制度，用来管制土地开发。分区管制导致土地所有权人不能随意将农地转变为工商业用地，土地所有权人认为这侵犯了自己的财产权，因而这一制度的实施受到越来越多的质疑。

为了缓和土地所有权人和政府在土地利用管制上的冲突，美国开始尝试用保护地役权制度降低分区管制对土地所有权人的限制。保护地役权就是政府或基金会与土地所有权人签订协议，将其土地权利中的开发权或发展权予以分离并转让给前者，地主不能在土地上进行开发建设，只能维持土地利用的现状，但是政府或基金会作为受让人会支付一定的补偿给地主，这就是发展权的购买。1974年，纽约州萨福克郡首次推出农业保护地役权购买计划，用于保护耕地免受过度城市化的侵蚀。迄今为止，保护地役权购买计划已得到美国大部分地区的承认，成为保护私人农地免遭城市化蚕食的最受欢迎的方法。公众认为，这种方法对土地所有者具有经济吸引力，从而可以实现永久保护农地的目的。

（2）生态产品及各方责任

该计划涉及的生态产品主要为土地资源，涉及各方主要是农地所有权人和政府。政府通过向农地所有权人支付补偿金，收购其土地开发权，使其土地避免被用作其他用途，保护地役权被转让后，农地所有权人仍保留其他的全部权利，如耕种、出售、遗赠以及转让等。

(3) 主要做法

由于农业保护地役权大多涉及政府财政资金和政府债券等，其运作往往有较严格的程序控制。

一是项目申请与审查。一般是由土地所有权人向当地政府的农业资源保护委员会提出出售申请。该机构重点审查拟出售土地发展权的土地的基本情况，特别是土地用于农业生产的面积，当然也可以根据土地出售发展权的目的是保护农地还是环境敏感地、文物古迹而审查其相关的具体情况，但重点是保护耕地不被城市化蚕食。

二是综合评估与价格确定。经过政府农业保护机构初步审查后，该机构会组织专家对该宗土地进行综合评估，主要评估内容包括，该土地是否具有农业生产能力，是否具有可持续性，与其他土地的距离和该宗土地的周围环境状况。经过评估后，如果农业资源保护机构认定该宗土地具有收购价值，就会进行土地发展权购买价确定工作。如前所述，该价格是根据该土地的所有权利综合的市场评估价减去抽掉土地发展权的价格之差，通常利用建筑密度来计算该价格。当然，该价格只是供农业部门参考，有的地方政府也允许土地权利人和政府相关部门协商确定最后的价格。

三是签订协议。发展权购买价格是协议的主要条款，但除此之外还有其他条款和一些细节需要在合同中约定，如土地所有权人是否有权在特殊情况下在其土地上建设一些必要的附属设施，如农业用的仓储设施、为特殊目的建造房屋等。因土地发展权购买目的的差异，土地所有权人的土地使用类型也有差别，具体的协议内容也会因土地的具体情况而异。

四是生效与执行。协议一般经双方签字盖章后即发生法律效力，并进行备案。政府将合同约定的款项支付给土地所有权人，其资金来源主要有两个途径，即政府筹措的公共资金（如政府财政拨款、税收、彩票收入、债券、农业保护基金）、非政府的民间组织（如一些基金会）筹措的资金以及企业和个人的捐款等。合同另一方则负有不得违约在土地上进行开发的义务并需履行合同约定的受限义务。政府有关机构，如农业保护委员会要在合同有效期内对其履行合同的行为进行监督。

2.1.5　建立生态资源配额交易机制

生态资源配额交易也是公共性生态产品价值实现的一种有效手段，配额是对有限资源的一种管理和分配，致力于消除供需不等，实现供需平衡。生态权属交易和配额交易相关案例表明，公共性生态产品变为商品进行市场交易需要具有产权明晰、市场稀缺和可精确定量三个前提条件，政府可以通过宏观管控政策，制定管控配额指标，使具有明晰产权、市场稀缺、可精确定量的生态资源具有稀缺性，才能建立起公共性生态产品的市场交易机制。重庆开展森林覆盖率交易（郑皓月，2019）和地票交易虽然表面上看起来类似，但森林覆盖率交易是一种不涉及产权的配额指标交易，而地票交易则是基于土地的产权交易方式。"美国湿地缓解银行"并不是经营存贷款业务的金融机构，而类似于我国的耕地增减挂钩的一种湿地保护形式，可以更准确地翻译表达为"湿地开发配额交易"，湿地开发者需购买湿地信用来弥补、抵消开发建设项目对湿地的占用，实现湿地的"零净损失"（Robertson，2009）。

专栏10：重庆江北区—酉阳县森林覆盖率购买

（1）背景

为加快建设长江上游重要生态屏障，把重庆建设成为山清水秀美丽之地，2018年重庆市提出到2022年全市森林覆盖率由45.4%提升到55%的国土绿化目标。重庆市各区（县）之间自然条件差异明显，各区（县）发展定位也存在明显差异。江北区是主城核心区，经济较为发达，GDP总量在重庆各区（县）中排名第5，但其森林覆盖率仅为17.1%，绿化空间有限，达到55%森林覆盖率目标的难度很大。位于渝东南山区的酉阳土家族苗族自治县（以下简称酉阳县）是重庆市面积最大的县，行政区域面积为5173平方千米，森林覆盖率约57.5%，在重庆各区（县）中排名最高，但经济相对落后，GDP总量在38个区（县）中排名第35位。为了促使各区（县）政府切实履行提高森林覆盖率职责，2018年重庆印发了《重庆市实施横向生态补偿提高森林覆盖率工作方案（试行）》，探索建立基于森林覆盖率指标交易的横向生态补偿机制。2019年江北区与酉阳县签订了全国首个《横向生态补偿提高森林覆盖率协议》，江北区支付1.875亿元购买酉阳县7.5万亩[①]森林面积指标，专项用于江北区森林覆盖率目标值计算。

（2）生态产品及各方责任

该项目涉及的生态产品为森林资源。在该项目中，酉阳县作为生态产品的产权人，将多余的森林指标卖给江北区，产权、使用权、收益权等均不变，补偿金用于补偿丧失的发展权，专项用于森林资源保护发展；江北区购买森林面积指标，用于完成森林覆盖率指标要求，用经济的方式获得生态产品。

（3）主要做法

一是根据主体功能定位分类制定森林覆盖率总量指标。森林覆盖率指标交易实质是一种在生态资源总量控制制度下实施的配额交易，其实施的前提是政府将森林覆盖率作为约束性指标，通过管控形成达标地区和不达标地区之间的交易需求。2018年印发的《国土绿化提升行动实施方案（2018—2020年）》，将55%的森林覆盖率指标作为2022年国土绿化目标，以政府文件形式确定的森林资源总量控制目标为实施指标交易提供了前提和基础。根据全市的自然条件和主体功能定位差异，将38个区（县）

---

① 1亩≈666.67平方米。

的森林覆盖率目标划分为三类，其中除国家重点生态功能区外的 9 个国家产粮大县或菜油主产区森林覆盖率目标值不低于 50%，6 个既是产粮大县又是菜油主产区的区（县）森林覆盖率目标值不低于 45%，其余 23 个区（县）的森林覆盖率目标值全部不低于 55%。已超过森林覆盖率目标值的区县，森林覆盖率原则上在国土绿化提升行动中至少新增 5 个百分点。

二是制定确保森林量质提升的指标配额交易机制。为了充分形成共同担责、共建共享的国土绿化工作格局，对于通过努力仍达不到 55% 森林覆盖率目标的区（县），允许在重庆市域内向森林覆盖率超过 60% 的区（县）购买森林面积指标，计入本区（县）森林覆盖率，出售森林覆盖率指标的区（县）扣除出售的部分后，其森林覆盖率不得低于 60%。森林覆盖率指标交易采用区（县）政府之间的自我磋商交易机制，在市委市政府督促下，市林业局主要发挥发布指标信息、见证、监督和划拨交易指标的作用，由拟购买森林面积指标的区（县）主动联系出售森林面积指标的区（县），森林覆盖率指标最低指导价 1000 元/亩，买卖双方区（县）根据森林所在位置、质量、造林及管护成本等因素沟通协商确定具体价格，购买方还需每年或集中分次支付不低于 100 元/亩的森林管护经费，管护年限原则上不少于 15 年。购买森林面积指标的区（县）政府应将本级政府承担的指标购买费用纳入年度预算并按协议约定支付，出售森林面积指标的区（县）政府需依法严格保护指标交易涉及地块森林资源，用于指标交易的固定林业地块必须设置标识，原则上不能随意调换，如由供给方管护不到位或重大工程需要导致交易地块损毁或减少时，需经购买方同意才可调整地块。交易的森林面积指标仅专项用于各区（县）森林覆盖率目标值计算，不与林地、林木所有权等权利挂钩，也不与各级造林任务、资金补助挂钩。

三是建立考核追责与技术监测监督保障机制。指标配额交易的关键是建立起严格的考核追责和技术监测监督保障机制，保障机制缺失就会导致指标交易变成一种纯数字的游戏。重庆市首先明确各区（县）政府是提高森林覆盖率的责任主体，将森林覆盖率达标作为每个区（县）的统一考核目标，对营造林任务实行项目化、清单化管理，建立了月通报、季检查、后进约谈工作机制。完善细化配套政策措施，实行目标、任务、资金、责任、考核"五到区（县）"，印发了《重庆市国土绿化提升行动营造林技术和管理指导意见》，制定了《重庆市国土绿化提升行动检查验收及 2018 年度考核办法》等技术要求。重庆市林业局牵头建立追踪监测制度，加强业务指导和监督检查，督促指导区县签订和履行购买森林面积指标协议，监测认定各区县森林覆盖率，完成森林面积指标转移和森林覆盖率目标值确认工作，开展全市督察，对不达标的区（县）下发限期整改令。

专栏11：美国保护湿地的湿地缓解银行

（1）背景

美国湿地面积 1.11 亿公顷左右，约占其国土面积的 12%，是世界上湿地面积第二大的国家，仅次于加拿大。在过去相当长的时间内，人们一直将湿地视为一种公共有害品，认为它是滋生蚊虫、传播疟疾和其他疾病的一个重要载体。基于这种认识，美国政府从其建国到 20 世纪 70 年代以前，一直采取鼓励湿地开发的政策，这一政策导致美国一半以上的天然湿地被转化为建设用地、农业用地或其他更具经济效益用途的土地。

1780~1980 年，美国湿地以平均 25 公顷/小时的速度流失，加利福尼亚州损失了 90% 以上的湿地。鉴于此，美国政府转而实施湿地保护政策。1972 年通过颁布法律《联邦水污染控制法》，1989 年美国国家环境保护局将湿地保护纳入法案，规定湿地面积在开发建设中不得减少，即"零净损失"原则。1993 年克林顿政府出台"政府湿地计划"，制定了湿地的严格保护程序和政策，并提出"湿地缓解银行"的概念和生态补偿方式。2008 年，陆军工程兵团和国家环境保护局联合通过了湿地损害补偿最终规则，确立了"湿地缓解银行"的补偿机制。1995 年联邦政府颁布相关指南后，"湿地缓解银行"迅速扩张。到 2001 年美国已有超过 200 家"湿地缓解银行"，其中近 2/3 是私营企业。截至 2017 年，已有超过 1300 家的"湿地缓解银行"依据《清洁水法案》获准出售信用，另有约 300 家"湿地缓解银行"正在申请中。超过 200 家"湿地缓解银行"的缓解信用已经售罄。相比 1975 年，美国湿地年损失面积降低 96.99%，湿地面积基本实现动态平衡。

（2）生态产品及各方责任

该项目涉及的生态产品主要为湿地资源，涉及各方主要有"湿地缓解银行"发起人、湿地开发者、湿地缓解银行审核小组。湿地缓解银行发起人是卖方，主要是私营企业、政府机构、非营利性组织等，负责建设湿地缓解银行，创造湿地信用。湿地开发者是买方，通常是从事开发活动、对湿地造成破坏的开发者，需要购买湿地信用进行等效补偿。湿地缓解银行审核小组是湿地事务管理主体，由美国国家环境保护局、美国陆军工程兵团、相关联邦机构、州政府及地方政府等构成，对银行协议书的履约和湿地信用的产生进行监管，同时也监管湿地开发者是否遵守"避免、最小化、补偿"顺序及是否遵从湿地开发许可证进行开发活动。

（3）主要做法

湿地缓解银行是美国首创的一种湿地保护和补偿制度，因这种补偿方式与银行的运作方式相似而得名。实际上，湿地补偿银行并不是一种从事金融服务的机构，而是指政府、个人、政府与私人的联合或非营利性组织等实体，在一定地域上修复受损湿地、新建湿地、强化现有湿地的特殊功能或者特别保存某些湿地，这些湿地以"信用"的形式被储备和交易，信用交易一般只能发生在同一流域内的开发项目与湿地缓解银行之间。建设这些湿地的目的是抵消或补偿一些项目开发对原有湿地及其局部生态环境带来的不可避免的损失或损害，从而实现湿地资源总量不减少甚至总体增加的目标。

一是湿地事务管理体系的审核与监管。湿地缓解银行的设立、湿地缓解银行客户与信贷内容的确定、湿地补偿监测与评估、开发者的湿地治理顺序均要受到美国湿地事务管理体系的审核与监管。美国湿地事务管理体系由美国陆军工程兵团、国家环境保护局、自然资源保护局、州政府等机构组成。其中美国陆军工程兵团、环境保护局是核心的管理部门，二者为制衡关系，主要体现在陆军工程兵团负责湿地开发许可证的颁发，环境保护局对此监督审核，并有权提出异议或否决。

二是湿地缓解银行主办者的维护和管理。湿地缓解银行由银行主办者所有和经营，目前，美国湿地缓解银行具有四种类型。其中，私人商业湿地缓解银行是最主要的湿地信用信贷库。湿地缓解银行的发起人向美国陆军工程兵团提交湿地缓解银行设立申请、湿地补偿计划草案。由湿地缓解银行审核小组进行审核，该审核小组由湿地事务管理体系的机构代表组成，由美国陆军工程兵团代表担任审核小组组长。审核通过后，湿地缓解银行发起人签署湿地缓解银行协议书，湿地缓解银行主办者要按照湿地补偿计划和湿地缓解银行协议书进行履约管理，具有长期维护和管理湿地的职责，要在开发活动对湿地造成损害前完成湿地建设，创造湿地信用，并将湿地信用出售给需要补偿的开发者，以此获得收益。

三是政府发放许可证。湿地开发者是湿地信用的买方，湿地开发者要遵循严格的开发顺序，由美国陆军工程兵团核实湿地开发顺序并颁发湿地开发许可证。开发商购买湿地缓解银行的信用来抵消开发活动对湿地的影响，其购买的信用数量取决于其开发活动的性质与影响规模。通常情况下，银行每批准1公顷的湿地信用，就要恢复、新建、改善超过1公顷的湿地面积。信用交易一般只能发生在同一流域内的开发项目与湿地缓解银行之间。

四是资金保障机制。湿地缓解银行具有链条式的资金保障路径，主要通过履约保证金、保险费或借助抵押银行的方式，确保补偿湿地到位，实现湿地"零净损失"的政策目标。履约保证金是湿地缓解银行提供的财务保障，当湿地事务管理机构确定湿地缓解银行成功补偿湿地后，履约保证金即可返还湿地银行。保险费是湿地缓解银行和银行客户缴纳给湿地事务管理机构的一项不可退还费用，如果湿地缓解银行未能成功建造、恢复湿地，保险费则纳入基金，由湿地事务管理部门用作维修费或者代替湿地补偿银行完成湿地信用买方的湿地补偿。湿地缓解银行根据可贷出湿地信用，在抵押银行租赁信用，当湿地缓解银行成功新建、恢复湿地后，租赁信用费用将可返还；若湿地缓解银行未能成功补偿湿地，则由抵押银行完成湿地补偿。

2.1.6　充分依托生态资源实现生态产业化

生态资源是最好的发展资源。充分依托当地优势生态资源，靠山吃山、靠水吃水，在保护的前提下把生态资源转化为经济发展的动力是生态产品价值实现的重要途径。利用生态资源生产出的经营性生态产品与传统农产品、旅游服务等产品基本相同的属性特点，具有丰富多样的经营利用模式，其价值也很容易通过市场机制得以实现。这类生态产品价值实现的关键是如何认识和发现生态资源的独特经济价值，如何开发经营品牌提高产品的"生态"溢价率和附加值。例如，浙江丽水通过打造覆盖全区域、全品类、全产业链的公用农业品牌"丽水山耕"（季凯文等，2019），提高了经营性生态产品的溢价率，同时还将随处可见的苔藓开发成为一个产业（叶浩博等，2019）；徐州贾汪、漳州"生态+"和武汉"花博汇"都是政府、企业和个人各方开展人居环境建设，通过土地溢价方式实现生态产品价值的典型代表。又如，瑞士制定"绿色水电"标准指引水电开发建设，把整个国家建设成为欧洲电网调峰的"蓄电池"，成为全球公认的水利开发标杆（傅振邦和何善根，2003）。

专栏 12：瑞士绿色水电认证开发

（1）背景

瑞士的水资源比较丰富，其水电在电力结构中的比例高达 90%，被誉为"水电王国"，成为全球公认的水利开发标杆。瑞士的河流和小溪从阿尔卑斯各个方向流向邻国，是欧洲大陆三大河流发源地，有"欧洲水塔"之称。由于瑞士早年的水利工程人为地改变了原有高山河流自然流淌系统，截流筑坝蓄水建设水库使得许多水系的生态完整性难以继续保留，特别是许多水电站因为最小流量和水电调峰模式等对当地水生动植物、生态和景观系统产生明显的不良影响。

瑞士联邦水科学和技术研究所（EAWAG）作为一家独立机构，提出一套按生态协调模式进行水力发电的指导原则，并把消费者为环境和谐所支付的额外电费用来改善已经退化的河流生态系统。同时推出了"绿色水电"标准，以作为"绿色水电站"的标准化的科学认证基本法则。借助"绿色水电"的认证程序，可以指导一座水电站进行环境责任管理和电厂布置。"绿色水电标准"是每个水电站必须履行的基本要求，且每个水电站有义务对当地生态环境改善进行投资，即从生产和售出的每千瓦时水电中提取约 0.5 欧分投入独立的国内基金中，用于改善地方的附加投资。瑞士将"绿色水电"作为处理河流生态和水电生产关系的起点，在大规模开发利用这种可再生能源的同时，避免了生态环境问题，把整个国家建设成为欧洲电网调峰的"蓄电池"。

（2）生态产品及各方责任

该项目中生态产品主要为水电资源。涉及主要各方包括政府、水电站。政府通过出台相关政策指导各个水电站进行环境责任管理和电厂布置，并对水电站改善生态环境的行为进行投资。各个水电站在履行"绿色水电"标准的同时从售电收益中拿出资金对生态环境进行补偿。

（3）主要做法

瑞士"绿色水电"标准是以已建水电工程申请更新许可证时所需满足的生态环境标准为基础，遵照瑞士修订后的《水保护法案》及其他相关法律法规而制定的。该标准旨在衡量水电工程管理运行模式及工程设计是否能够维护河道系统的主要生态功能，适用于任何流域的任何类型、任何规模的水电工程。

综合考量水电站的运行控制与其造成的生态影响之间的复杂关系，通过横向5种管理措施（生态流量设定、调峰运行、水库蓄泄管理、推移质泥沙管理、水电站设计），以及纵向5个环境要素（水文特征、河道连通性、泥沙平衡与河道形态、景观与生境、生物群落），形成一个环境管理矩阵。具体包括：第一，各管理措施既定的总体目标及其针对各环境要素的分目标；第二，各管理措施针对各相关环境要素所需满足的基本要求，如设定的生态流量在河道的连通性方面需满足维持水体、地下水、河岸区洪泛平原的相互联系三个基本要求；防止与支流的非自然隔断；提供鱼类洄游的足够水深。

专栏13：浙江"丽水山耕"品牌建设

（1）背景

"丽水山耕"是丽水市实现农业绿色发展的典型模式，是生态产品价值得以实现的重要途径。在互联网时代，一个农业企业甚至一个区域主导产业要在全国范围内形成较大的影响力越来越困难，因此规划、培育、打造一个覆盖全区域、全品类、全产业链的区域公用农业品牌，成为引领农业产业体系转型升级的有效载体，以及生态优势转化为商品优势、资源收益转化为品牌价值收益的有效载体。丽水市的立体气候和生物多样性的农业禀赋优势得天独厚，但品类多而散、主体多而小又是一个不争的事实，7000多个大大小小的农业主体、2800多个形形色色的农业品牌，难以在市场形成真正的影响力和竞争力，"丽水山耕"区域公用农业品牌正是在这样一个背景之下诞生的。

（2）生态产品及各方责任

该项目涉及的生态产品为农产品。涉及各方主要为政府、农业协会、运营公司及农户。政府制定政策，负责品牌发展的顶层设计。农业协会、运营公司负责品牌运营及销售等。农户作为生态产品的生产者，负责提供优质的农产品。

(3) 主要做法

一是完善顶层设计。丽水市委、市政府以品牌农业为农业发展的顶层设计，在品牌农业的基础之上定位为生态精品农业，坚持以品牌引领九个县（市、区）九大农业产业的发展，对品牌命名、品牌定位、品牌理念、符号系统、渠道构建、传播策略等进行了全面策划。

二是进行"丽水山耕"品牌运营机制创新。整合全市优秀农业主体成立了丽水市生态农业协会，以协会名义注册品牌，品牌归属全体协会会员所有。

三是营造"丽水山耕"生态系统。各方形成合力从标准化、电商化、金融化等方面建立了"丽水山耕"生态系统。同时，整合全市宣传资源，以多种渠道与宣传手段拓宽品牌宣传面，并推行"整合营销"与"农旅融合"等营销策略，全方位服务于"丽水山耕"品牌发展。

四是母子品牌运营，实现共赢。以"基地直供、检测准入、全程追溯"为产品宗旨，采用首创"1+N"全产业链一体化公共服务体系，引导地标品牌及农业主体加入"丽水山耕"品牌体系，实施"母子品牌"战略，并以庞大的线上线下销售渠道，形成"平台+企业+产品"价值链，实现利益均衡分配。

2.1.7 发展权共享实现区域协同发展

重点生态功能区、生态保护红线区等区域是生态产品的主产区，按照国家相关要求这些区域应控制人口、限制或禁止开发，从而在一定程度上使其丧失了发展的权利和机会。我国一些地区异地开发模式在实现区域协调发展目标的同时，也为生态产品价值实现提供了有益的路径模式。例如，"金华-磐安"产业园和"成都-阿坝"工业园都是提供水源的上游地区在享受生态产品的下游地区异地联合共建工业园，双方共享分成GDP、税收的典型案例（杨春平等，2015），这种模式不仅为上游地区提供了资金和财政收入，而且有效降低了上游地区土地开发强度和人口规模，是一种实现重点生态功能区主体功能定位的有效手段。厦门-龙岩山海协作经济区与以上两个案例相反，是下游地区在上游地区联合开发经济区，下游地区通过提供资金、技术和项目扶持上游地区发展的同时，解决自身土地资源紧张的矛盾，实现上下游共赢（高凌和张子剑，2014）。

专栏14：福建厦门-龙岩共建山海协作经济区

（1）背景

厦门市位于九龙江下游，80%的饮用水来自九龙江，城市化水平高达89.1%，城市建设率达31.6%，属于高度开发城市，土地和淡水资源缺乏，产业发展受到用地限制；但是港口条件优越，对外交通联系便捷畅通，人才、技术、信息等要素资源相对丰富。龙岩市位于九龙江上游水源地，地处偏远，总面积为 19 027 平方千米，其中山地约占 78.65%，平原约占 5.18%；土地、矿产、水、劳动力等资源较为丰富，但经济相对落后，城市发展资本匮乏。根据福建省委、省政府的部署安排，厦门市与龙岩市挂钩结对协作。2014 年，厦门市与龙岩市签订协议，携手统建了厦门–龙岩山海协作经济区。

（2）生态产品及各方责任

龙岩市位于九龙江上游，属于九龙江水源地，为下游地区提供干净水资源、优质农产品等生态产品；并且龙岩市共享生态产品生产者——土地的权益，缓解厦门市土地资源紧张的状况。厦门市作为龙岩市生态产品的主要受益人，利用其良好的区位优势、先进的技术条件、丰富的社会发展资本，协助上游龙岩市工业企业发展，从而获得了龙岩市共享的土地开发权。

（3）主要做法

1994 年为深入贯彻落实福建省委九届九次全会精神和实现"百姓富、生态美"的战略部署，扎实推进山海协作，厦门市和龙岩市挂钩结对协作。经过多年的交流与合作，2014 年 12 月两市签订《厦门龙岩共建山海协作经济区框架协议》；随后，出台了《厦门龙岩共建山海协作经济区实施方案》，方案确定在龙雁新区规划面积约 35 平方千米作为厦门–龙岩山海协作经济区，合作期限 30 年，主要承接厦门产业梯度转移。厦门市与龙岩市分别成立以市委主要领导担任组长的合作区工作领导小组，同时建立市际联席会议制度，以加强对山海协作各项工作的领导和协调。由厦门市主导设立合作区党工委及管委会，负责合作区行政管理、规划建设、开发运营和招商引资工作；管委会内设机构中，经济管理部门正职由厦门市派出，社会事务管理部门正职由龙岩市派出。由双方按照一定出资比例，联合组建合作区开发投资有限公司，统筹负责合作区开发、建设、运营工作；合作区开发投资有限公司由合作区管委会负责管理。合作区内的各项主要经济指标数据由两市按 5∶5 分享，其他统计数据则列入龙岩市统计指标。合作期满后，合作区移交给龙岩市管理，此后合作区所产生的税收、生产总值、工业产值等全部归龙岩市所有。

专栏 15：广东广州–梅州共建广梅产业园

（1）背景

梅州市地处粤北山区，辖 8 个县（市、区）、93 个镇，空气清新、水质清澈、环境清洁，是华南地区绿色、高端农副产品产地和供给区，曾有 551 个贫困村、4 万多户贫困户、17 万多贫困人口。广州市是广东发达地区，资金富足，技术高端，产业密度高，土地资源紧张，产业发展受到一定限制。为深入贯彻落实党中央、国务院关于新时期扶贫开发的决策部署，以及 2013 年广东省出台的《中共广东省委广东省人民政府关于进一步促进粤东西北地区振兴发展的决定》（粤发 2013〔9〕号）精神，广州市与梅州市共建了广梅产业园，规划面积约47.73平方千米，主要承接广州市部分转移产业。

（2）生态产品及各方责任

广梅产业园区内生态产品生产者——土地的权益和梅州市绿色农产品、干净水源等生态产品是梅州市主要的生态产品；广州市及相关企业作为主要受益人，通过投入资金、技术等，将广梅产业园打造成为"绿水青山就是金山银山"的转换平台，来实现双方的共赢。

（3）主要做法

为深入贯彻落实党中央、国务院关于新时期扶贫开发的决策部署，打赢广东脱贫攻坚战，确保到2020年全面建成小康社会，2013年广东省出台《中共广东省委广东省人民政府关于进一步促进粤东西北地区振兴发展的决定》（粤发2013〔9〕号）及相关政策，明确提出广州市全面帮扶梅州市、清远市；2014年广州市和梅州市签订了《共建广州（梅州）产业转移工业园框架协议》，共建了广梅产业园，主要承接广州市部分转移产业，为脱贫攻坚和乡村振兴提供有力支撑。2014年3月14日，广梅园开发公司成立，该公司注资10亿元，由广州市（含广州开发区）、梅州市、广东省三方分别按照7∶2∶1比例出资构成，统筹负责园区开发、基础设施建设、投融资、运营和维护等工作。广州市和梅州市都成立了对口帮扶指挥部，分别由两市及园区管委会主要负责人担任总指挥，就园区建设和管理等重要事项与省、市进行沟通、协调。在利益分配方面，按照5∶5比例进行分配。广梅产业园自成立以来为梅州市当地贡献年约60亿元产值，约占梅州市工业总产值的31.07%；每年为梅州市贡献利税收益5.6亿元，约占财政收入的5.2%。除此之外，广梅产业园以"政策撬动+市场驱动+龙头企业带动"引导产业共建，以"知名品牌+优质绿色食材基地"引入新业态新动能，推动了梅州市三次产业融合；以"基金+企业+农户"的模式助力脱贫攻坚，带动了当地群众的积极性。

2.1.8　绿色金融扶持生态产品生产

生态恢复建设的经济投资规模大、收益低，仅仅依靠国家资金难以实现持续快速生态恢复的目标。将绿水青山转变成可以进行投资收益的生态资本是调动社会资本参与生态产品生产的重要手段。但是绿色金融扶持生态产品生产和价值实现还存在着产权抵押困难、缺乏稳定还款收益等难点，我国国家储备林建设以及福建、浙江、内蒙古等地的一些做法为解决绿色金融扶持生态产品生产的难点提供了一些借鉴和经验。国家林业和草原局开展的国家储备林建设通过精确测算储备林建设未来可能获取的经济收益，确定了多元融资还款的来源。福建三明创新推出"福林贷"小额担保基金金融产品，通过组织成立林业专业合作社以林权内部流转方式解决了贷款抵押难题。福建顺昌依托县国有林场成立"顺昌县林木收储中心"，为林农林权抵押贷款提供兜底担保（董加云等，2017）。

专栏16：福建三明市"福林贷"小额担保基金金融产品

（1）背景

三明市位于闽西北山区，林业资源丰富，全市林地面积190.27万公顷，占土地总面积的82.5%。林业是三明市经济支柱产业之一，依托林业资源，三明市促进一二三产业融合发展。既紧抓长周期的传统林业，又紧抓短周期的林下经济，做特"一产"；引进和培育一批林业产业龙头企业，做大"二产"，目前全市有4家林业上市公司，净资产由上市前的29亿元增加到77亿元；积极拓展培育林业文化、林区旅游、林品电商等外延产业，做优"三产"。三明市不仅是福建省的重点林区，也是国务院批准建立的全国集体林区改革试验区，三明市林改走在全国前列。2014年，三明市在全国率先推出林权按揭贷款，解决了林业大户贷款问题。2015年，推出林权抵押贷款新产品"支贷宝"，解决了林权流转中买方资金不足和变更登记过程可能出现的纠纷等问题。但是，农村"分山到户"后，90%以上山林林权分散在林农手中，农民人均林地不足10亩，户均在30~50亩，"碎片化"的林权抵押难、贷款难。2016年9月，针对林农手中的林权小而散、难以流转变现和"担保难、贷款难"等问题，三明市政府与三明农商银行合作推出"福林贷"小额担保基金金融产品。

（2）生态产品及各方责任

森林生态资源是生态产品的生产者，将生态资源通过抵押、贷款等方式，使生态资源资产变成经济发展的资本，支持经营性生态产品开发经营，是生态产品价值实现的一种方式。"福林贷"是生态资源资本化的一种形式，涉及各方包括三明市政府、林农和三明农商银行。三明市政府通过制定政策，组织成立林业专业合作社，将分散的林农资金整合成林业融资担保基金，减少了贷款风险，并将国家各级林业补贴作为营林造林和生态产品生产的稳定收益来源，解决了生态产品收益来源的问题。林农是森林生态资源的产权人，以森林资源资产和林权股权为担保，向银行申请贷款获取经济发展的资本，开展生态产品开发经营，获取经济收益，也可获取政府提供的林业贴息等其他补贴资金。三明农商银行是"福林贷"小额担保基金金融产品资金扶持者，在消除了贷款风险之后，贷款范围由原来的国有林场与林业大户扩展到分散的林农，在扶持了生态产品生产的同时，实现了金融收益。

（3）主要做法

2017年，三明市印发《关于在全市推广普惠林业金融产品"福林贷"的指导意见》。"福林贷"运行模式是由村集体组织牵头成立林业专业合作社，依托合作社设立林业融资担保基金，担保基金均为客户存入，出资标准为2000~20 000元，无财政配套资金等其他资金来源。合作社以林业融资担保基金为林农贷款提供担保。林农以其自留山、责任山、林权股权等小额林业资产为合作社提供反担保，出现不良贷款时委托村集体组织对反担保林权进行处置。银行按照林农缴纳保证金的6倍进行授信，向林农发放贷款，贷款期限为3年，还款方式为按月付息，月利率5.9‰。同时林农还享受年 3%的林业贴息，林农贷款 10 万元，可享受 6000 元的贴息，一年实际支付的利息仅约为 7300 元。若林农贷款超过 60 天未还，银行将扣划林业融资担保基金，由村集体组织牵头对该林农的林权进行村内流转，具体处置办法由代偿双方互相协商解决，转让所得款项先行补充林业融资担保基金。

专栏 17：福建顺昌县 "森林生态银行"

（1）背景

顺昌县地处闽北山区，闽江上游金溪与富屯溪交汇处。顺昌县林地资源丰富，森林覆盖率高达 79.8%。20 世纪 "大生产" 时期，竭泽而渔的用材方式使得顺昌县森林质量一落千丈，林地生产力迅速下降。2003 年开始，顺昌县率先探索林业发展新路子，以 "树种珍贵化、木材大径化、结构复层异龄化" 的近自然经营模式，精准提升森林质量。然而新模式下的每亩造林成本增加了两三百元，资金流大、周期长，成为全县近八成个体和集体林农面临的最大的现实问题。2007 年 6 月，顺昌县开展 "林业小额贴息贷款" 业务，一定程度上缓解了林农生产资金短缺问题。2012 年，顺昌县挂牌成立林业综合服务中心，但金融机构对林权抵押贷款的风险顾虑依然存在。2009 年 10 月，顺昌县国有林场开始申报 FSC 国际森林可持续经营认证资格，2009 年 11 月完成初评后，于 2010 年 4 月通过正式评审，2019 年又通过了国际森林认证（FSC）和中国森林认证（CFCC）的双认证审核。2015 年 5 月，顺昌县林业局依托县国有林场，成立 "顺昌县林木收储中心"，为林农林权抵押贷款提供兜底担保。2018 年，顺昌县开展 "森林生态银行" 试点，依托国有林场，成立林业资源运营有限公司，通过赎买、租赁、托管、入股、质押 5 种形式，"储存" 林农碎片化、分散化的森林资源，对林业资源进行造林抚育、集约经营、综合开发，形成优质高效的 "资源包"，让资源变资本，促进生态产品价值实现。

（2）生态产品及相关各方的责任

"森林生态银行" 的实质是发挥森林生态资源的资本化作用，将森林生态资源作为一种投资，从而生产出更多的森林生态资源，提供更多的公共性生态产品和能够通过生态资源产业化的经营性生态产品。"森林生态银行" 涉及各方有顺昌县政府、林农和国家开发银行。顺昌县政府通过制定政策，成立林业金融服务公司，"储存" 林农碎片化、分散化的森林资源，让资源变资本，促进生态产品价值实现；林农是森林生态资源资产的产权人，依托林业金融服务公司，对森林生态资源资产以赎买、租赁、托管、入股、质押形式获得林木的赎买收益、造林或租赁经营的一次性收益以及林木处置后的分成收益、托管经营的固定分利，或者通过生产经营性生态产品获取经济收益；国家开发银行是 "森林生态银行" 资金扶持者，向林农和国有林场提供信贷资金，通过绿色信贷支撑生态产品价值实现，并获取金融效益。

（3）主要做法

顺昌县政府通过县国有林场投入3000万元作为"森林生态银行"资本金，同时争取乡村振兴基金、林业专项补助资金等提供资金支持。"森林生态银行"依托县国有林场，成立林业资源运营有限公司，通过赎买、租赁、托管、入股、质押等方式，在不改变林地所有权的前提下，林农将林木资源流转收储进入生态银行。然后对流转收储的森林资源进行造林抚育、集约经营、综合开发，通过发展林下苗木和花卉种植、开发生态旅游等将其转化为资金。林权质押方面，"森林生态银行"为林农提供林权抵押担保服务，林农可获取月息4.89‰的林权抵押贷款，用于发展林业资源。若林农未能按合同约定清偿债务，则对林农的林木资产进行依法收储并实施变现处置。林地租赁方面，对商品用材林或采伐迹地，林农可保留部分经营权，与"森林生态银行"开展合作进行造林或租赁经营，获得一次性收益以及林木处置后的分成收益。2018年，谢坊村将580亩采伐迹地以租赁形式交由"森林生态银行"经营，租期30年，谢坊村持30%的股份，由"森林生态银行"采取逐年支付保底收益的方式，按照Ⅰ、Ⅱ类地保底收益1800元/亩的标准，每年支付谢坊村60元/亩保底收益，待租赁期满林木主伐后，村集体还有收益分成。若主伐后总收益超过保底收益1800元/亩，则将超额部分一次性支付给村集体及村民；若主伐后总收益低于保底收益，则按1800元/亩保底收益支付。租赁期间（一个轮伐期30年），谢坊村每年可获得保底收益34 800元，其中70%的收益直接分给村民（亩均1260元），30%的收益作为村集体收入，既增加了村民收入，同时也增加了村集体财政收入。林权托管经营方面，对无劳动能力的贫困户，在林地、林木所有权不变的前提下，可实行林权托管经营，一个轮伐期内每年按照林木资源评估价值的8.5%固定分利。"森林生态银行"的首位受益客户，存入9亩杉木幼林，托管的20年内每年可领3720元的预期收益，托管期满后还能获取木材销售收入的60%。

2.2　长江经济带生态产品价值实现的创新实践

2.2.1　长江经济带生态产品价值实现的重大部署

推动长江经济带发展，是党中央做出的重大决策，是关系国家发展全局的重大战略。2014年9月，国务院发布《关于依托黄金水道推动长江经济带发展的指导意见》和《长江经济带综合立体交通走廊规划（2014—2020年)》，正式将长江经济带上升为国家战略，部署将长江经济带建设成为具有全球影响力的内河经济带、东中西互动合作的协调发展带、沿海沿江沿边全面推进的对内对外开放带和生态文明建设的先行示范带。2014年12月，中共中央成立推动长江经济带发展领导小组，领导小组办公室设在国家发展和改革委员会。2016年1月5日，习近平总书记在重庆主持召开推动长江经济带发展座谈会并发表重要讲话，深刻论述了推动长江经济带发展的重大意义，强调推动长江经济带发展必须从中华民族长远利益考虑，走生态优先、绿色发展之路，把修复长江生态环境摆在压倒性位置，共抓大保护、不搞大开发。2016 年 3 月，中共中央政治局召开会议审议通过《长江经济带发展规划纲要》，国家发展和改革委员会、科学技术部及工业和信息化部则发布了《长江经济带创新驱动产业转型升级方案》，2018 年 4 月 26 日，习近平总书记在武汉主持召开深入推动长江经济带发展座谈会并发表重要讲话，强调指出 "积极探索推广绿水青山转化为金山银山的路径，选择具备条件的地区开展生态产品价值实现机制试点，探索政府主导、企业和社会各界参与、市场化运作、可持续的生态产品价值实现路径"。新形势下推动长江经济带发展，关键是要正确把握整体推进和重点突破、生态环境保护和经济发展、总体谋划和久久为功、破除旧动能和培育新动能、自身发展和协同发展 "五个关系"，坚持新发展理念，坚持稳中求进工作总基调，坚持共抓大保护、不搞大开发，探索出一条生态优先、绿色发展的新路子，使长江经济带成为引领我国经济高质量发展的生力军。

1）生态补偿

为全面贯彻落实党的十九大精神，积极发挥财政资金在国家治理中的基础和重要支柱作用，按照党中央、国务院关于长江经济带生态环境保护的决策部署，推动长江流域生态保护和治理，建立健全长江经济带生态补偿与保护长效机制，2018 年 2 月财政部制定了《关于建立健全长江经济带生态补偿与保护长效机制的指导意见》，目的是通过统筹一般性转移支付和相关专项转移支付资金，建立激励引导机制，明显加大对长江经济带生态补偿和保护的财政资金投入力度。到 2020 年，长江流域保护和治理多元化投入机制更加完善，上下联动协同治理的工作格局更加健全，中央对地方、流域上下游间的生态补偿效益更加凸显，为长江经济带生态文明建设和区域协调发展提供重要的财力支撑和制度保障。2019 年 1 月，生态环境部、国家发展和改革委员会联合印发《长江保护修复攻坚战行动计划》，提出要健全投资与补偿机制，拓宽投融资渠道，完善流域生态补偿，目的是通过攻坚，有效保护长江干流、主要支流及重点湖库的湿地生态功能，保障生态用水需求，有效遏制生态环境风险，持续改善生态环境质量。

2）生态权属交易

环境交易所作为从事碳排放交易、节能减排和环保技术交易、节能量指标交易、二氧化硫等排污权益交易的交易场所，在国家推进环境保护的过程中发挥关键性的作用。目前，在长江经济带仅有四川联合环境交易所、长沙环境资源交易所、湖北碳排放权交易中心、湖北环境资源交易中心、上海环境能源交易所等数家环境交易所，但长江经济带沿线一些省市也正在积极建立环境交易场所，长江经济带已初步建立起权属交易市场，这样对于长江经济带环境保护的支持将十分有利。

3）绿色金融扶持

2017 年 6 月，国务院常务会议决定在贵州、浙江、江西、广东、新疆 5 省（自治区）选择部分地方，建设绿色金融改革创新试验区。浙江湖州市和衢州市、江西赣江新区、贵州贵安新区成为全国首批绿色金融改革创新的国家级试验区。贵州省政府办公厅印发了《贵州省人民政府关于加快绿色金融发展的实施意见》，明确提出支持绿色金融发展的具体政策，对推动贵州省生态文明建设起到积极的引导和支持作用。江西省的《江西省"十三五"建设绿色金融体系规划》《江西省人民政府关于加快绿色金融发展的实施意见》《赣江新区建设绿色金融改革创新试验区实施细则》相继出台，形成了远中近期相结合和金融、财税、产业相融合的政策框架体系。同时引进专业的第三方评级机构，制定绿色项目认定标准，建立省级绿色产业项目库。浙江省的《浙江省湖州市、衢州市建设绿色金融改革创新试验区总体方案》和《推进湖州市、衢州市绿色金融改革创新试验区建设行动计划》等相继出台，明确了绿色金融的工作任务、主要目标和责任单位，并配套制定了绿色项目清单、财政政策清单以及金融产品和服务清单，多措并举，精准务实，全面推进湖州市、衢州市绿色金融改革创新试验区建设。

4）区域协调发展

国务院 2014 年 9 月印发《关于依托黄金水道推动长江经济带发展的指导意见》，部署将长江经济带建设成为具有全球影响力的内河经济带、东中西互动合作的协调发展带、沿海沿江沿边全面推进的对内对外开放带和生态文明建设的先行示范带。该意见提出，要创新区域协调发展体制机制，推进一体化市场体系建设，加大金融合作创新力度，建立生态环境协同保护治理机制，建立公共服务和社会治理协调机制。2018 年 11 月沪苏浙皖四地人民代表大会常务委员会分别通过了《关于支持和保障长三角地区更高质量一体化发展的决定》，在一个区域内各省级人民代表大会同步做出支持和保障国家战略发展的重大事项决定，这在人民代表大会工作中尚属首次。此举对于完善长江经济带省际协商合作机制、实施更加有效的区域协同一体化发展，具有重要的示范引领意义。

5）试点示范

积极开展生态产品价值实现机制试点工作。我国在浙江、江西、青海、贵州 4 省设立"生态产品价值实现机制试点"，长江经济带占 3 个，其中浙江丽水成为首个生态产品价值实现机制试点市。至 2018 年"国家生态文明建设示范市县"已公示两批共计 91 个，其中长江经济带共占 49 个；"国家两山实践创新基地"已公示两批共计 29 个，其中长江经济带共占 17 个。

2.2.2 长江经济带生态产品价值实现的创新实践

2.2.2.1 生态保护补偿

1）云贵川跨省流域生态补偿

赤水河流域横跨云、贵、川三省，大部分地区属于喀斯特岩溶地貌，是长江流域重要的生态屏障，生态环境比较脆弱，但在经济社会发展与环境保护方面却矛盾重重。一方面，由于缺乏有效的生态保护机制，导致具有重要生态功能区域进行不合理的开发（张洋等，2019）。整个流域受到工业、城镇和农村点源污染及面源污染等多种因素的影响，水体自净功能逐渐下降，生态环境系统存在进一步被破坏的潜在风险。另一方面，云、贵、川三省是我国贫困人口的主要分布区，经济发展相对落后，财力有限，赤水河流域的生态环境保护项目投资需求巨大，当地政府难以保障对流域生态环境保护的投入。同时由于赤水河流域水生态环境主要受益者是中下游地区，上游所在地政府投入积极性不高。单纯以上游所在地政府投入治理的体制难以满足对流域生态环境保护的需求。

为有效治理赤水河流域生态环境问题，云、贵、川三省签署《赤水河流域横向生态补偿协议》，根据赤水河流域水环境实际情况，明确生态补偿指标为高锰酸盐指数、氨氮、总磷 3 项。补偿方式包括：①每年由云、贵、川三省出资和中央财政奖励资金共同设立赤水河流域横向水环境补偿资金。②中央财政奖励资金，按照优先补偿上游的原则先分配一部分给云南省；剩余资金以云、贵、川三省所占流域面积比例（1:6:3）进行分配。③云、贵、川三省之间的出资，以赤水河三省跨省交界断面水质指标于补偿年份前 3 年的年平均浓度值为基本限值，测算补偿指数进行补偿资金核算。

（1）云南省-贵州省：若两省交界断面水质 $P \leqslant 1$，则贵州省补偿给云南省；若 $P>1$，则云南省补偿给贵州省。

（2）贵州省-四川省：考虑到鲍鱼溪考核断面上游的部分河段为贵州省和四川省的界河（界河段总长 194 千米，流经贵州境内的河段长 126 千米，则贵州省与四川省所占河段长度之比为 62:38），按照河段长度之比进行补偿。若 $P \leqslant 1$，说明赤水河中游（贵州省和四川省）的水质未退化，贵州、四川两省均做出了贡献，则由鲍鱼溪下游河段（四川省）补偿中游河段，贵州省和四川省再按责任河段长度之比（62:38）进行分配。若 $P>1$，说明赤水河中游的水质退化，则由鲍鱼溪中游河段补偿给下游河段，贵州省和四川省各需拨付的金额根据中游河段内主要一级支流的监测结果进行判断：若由贵州省境内的支流水质超标导致水质退化，则补偿资金由贵州省拨付；若由四川省境内的支流水质超标导致水质退化，则补偿资金由四川省拨付；若贵州省和四川省境内的支流均由水质超标导致水质退化，则贵州省和四川省按责任河段长度之比拨付补偿款；若贵州省和四川省境内的支流均水质达标，而鲍鱼溪水质退化，则贵州省和四川省仍按责任河段长度之比拨付补偿款。

（3）若赤水河流域中游段的贵州省境内发生重大水污染事故，则贵州省直接补偿四川省，若重大水污染事故是在四川省境内发生的，则由四川省补偿贵州省。若赤水河流域云南省境内发生重大水污染事故，造成贵州省与四川省的考核断面超标，则由云南省拨付全部补偿款，贵州、四川两省各获得一半。

2）新安江跨省流域横向生态补偿

新安江地跨皖、浙两省，发源于黄山市宁县六股尖，流域总面积 11 674 平方千米，干流总长 359 千米，在安徽黄山市歙县街口镇进入浙江省境，是浙江省最大的入境河流（张启兵，2012）。皖、浙省界断面多年平均径流量为 65.3 亿立方米，占流域下游主要湖泊千岛湖的多年平均入湖总量的 68% 以上，千岛湖是杭州最重要的水源地，每年供水量达

9.78 亿立方米，受益人口近千万。新安江上游地区产业层次较低，经济发展相对滞后，在发展早期，黄山市主导产业是高污染的精细化工业，并且农业面源污染、农户畜禽养殖以及城镇污水和垃圾等生活污染现象严重。2001~2007 年，省界江段水质是较差的Ⅳ类水，2008 年变成更差的Ⅴ类水，省界江段总氮这一污染指标攀升 34.5%，总磷污染指标攀升 44%。为了改善新安江的水质，2012 年，在财政部、环境保护部牵头下，皖、浙两省在新安江流域实施全国首个跨省流域生态补偿机制试点。2012~2017 年共进行两轮试点，并取得了明显的生态环境效益，目前已进入第三轮，时间为 2018~2020 年。

2011 年中央财政部、环境保护部联合出台了《新安江流域水环境补偿试点实施方案》，建立跨省流域横向补偿机制，两省以水质"对赌"的形式来决定补偿资金在浙皖两省的分配比例。2013 年国务院批复同意《千岛湖及新安江上游流域水资源与生态环境保护综合规划》，2015 年安徽省编制实施《安徽省新安江生态经济示范区规划》《黄山市新安江生态经济示范区规划》《安徽省新安江流域水资源与生态环境保护综合实施方案》，为新安江生态补偿提供政策保障。建立水质监测考核体系，根据《新安江流域水环境补偿试点实施方案》，建立两省的水质考核机制，推进流域水环境污染防治监管平台及水质监测中心建设，构建 P 值生态补偿指数方法，以跨省断面水污染综合指数作为上下游补偿依据。第一轮，中央财政资金每年拨付 3 亿元、两省每年各拨付 1 亿元，三年共计拨付 15 亿元，按照跨省断面多年平均水量计算，折合水价 0.23 元/立方米，补偿资金主要用于新安江流域产业结构调整和产业布局优化、流域综合治理、水环境保护和水污染治理、生态保护等方面。第二轮，在中央财政资金总额维持不变的情况下，两省每年拨付资金提高到各 2 亿元，三年共计拨付 21 亿元，折合水价 0.32 元/立方米，补偿资金主要用于黄山市垃圾和污水处理，特别是农村垃圾和污水处理（聂伟平和陈东风，2017）。

3）湖北鄂州市区域间生态补偿标准定量化

鄂州市位于湖北省东部、长江中游南岸，土地面积 1596 平方千米，仅辖鄂城、华容、梁子湖三区，2018 年末全市常住人口 107.77 万人，是典型的"鄂中小城"。鄂州市结合本地区生态环境优美、毗邻武汉的"好山好水好区位"优势，积极推动生态价值核算、生态补偿等工作先行先试，取得了一定成效。2017 年鄂州市出台了《鄂州市关于建立健全生态保护补偿机制的实施意见》，明确了水流、森林、湿地、耕地、大气生态补偿的五大重点领域，构建了鄂州市生态保护者与受益者良性互动的多元化补偿机制（周业晶等，2017）。目前，鄂州市已建立了行政区横向生态价值补偿机制，有了生态价值补偿机制，由此可以实现梁子湖的生态服务价值，生态补偿资金由鄂州市财政、鄂城区和华容区共同支付。

鄂州市区域间生态补偿的主要做法：一是以自然资源确权登记和自然资源资产负债表编制为抓手，摸清资源"家底"。鄂州市以不动产统一登记为基础，制定了自然资源确权登记试点办法，建立了统一的确权登记数据库和登记簿。同时，作为湖北省自然资源资产负债表编制试点市，鄂州市从 2016 年开始编制自然资源实物量账户，建立了自然资源存量及变化统计台账，为后续的价值核算奠定了基础。二是借助科研机构力量，开展生态价值核算。鄂州市与华中科技大学环境科学与工程学院合作，依据自然资源资产负债表和相关补充调查数据，采用当量因子法开展生态价值和生态补偿核算。三是政府引导、各方参与，推动生态补偿和生态价值显化。按照政府引导为主、各方参与、循序渐进的原则，在实际提供的生态服务价值基础上，先期按照 20% 的权重进行三区横向生态补偿，逐年增大权重比例，直至体现全部生态服务价值。对需要补偿的生态价值部分，试行阶段先由鄂州市给予 70% 的财政补贴，剩余 30% 由接受生态服务的区支付，再逐年降低市级补贴比例，直至完全退出。2017 年和 2018 年，梁子湖区分别获得生态补偿 5031 万元和 8286 万元，2019 年获得 10 531 万元，由鄂州市财政、鄂城区和华容区共同支付。

2.2.2.2　生态权属交易

1）浙江丽水"河权到户"河道经营管理权改革

浙江省丽水市"河权到户"被水利部评为"全国基层十大治水经验"。丽水市地处浙江西南，"九山半水半分田"，被称为"浙江绿谷"，生态环境质量居全省第一，GDP 在全省各区（市）中排倒数第二。丽水市水系交错，河流众多，大小河道近万条，是浙江省水资源最丰富的地区。但丽水市的山区性乡村河道面广量大，特别是河道的管理工作一直是块短板，不同程度存在"三无"现象（无管理人员、无管理经费、无管理制度）。这些河道常常成为垃圾河、废弃农产品的集散地、非法采砂的重灾区。从 2014 年开始，浙江省"五水共治"战略强势推进，丽水市治水更是取得了显著成效。但如何巩固治水成效，寻求一种长效管理机制，让河道真正管得下去，成为丽水市思考最多的问题之一。水和林业、土地一样都是自然资源，既然林权可以改革包产到户，河道又为何不可包河到户呢？丽水市从"林权到户"改革中得到了启发，引入市场竞争机制，将河道分段承包给附近村民，村民在河段内养殖鱼类并担负起河道日常管护等职责，变政府治水为共同治水，变被动治水为主动治水，变"死水"为"活水"，建立起"以河养河"的山区型河湖长效管护机制（杨世丹，2018）。河道资源所有权归国家所有，管理权依据河道流域涉及的村集体情况授予相应主体，经营权归属于承包经营者，通过与管理者签订承包经营合同的形式获得。2018 年"河权到户"改革已在丽水市 9 个县（市、区）全面推开，累计承包河道 184 条，河道长度约 850 千米，涉及 36 个乡镇、135 个行政村，每千米河道年均收取出让费用 200～500 元，预计每千米河道年均增收 8000 元以上。

丽水市"河权到户"的主要做法：一是因村制宜，多样化开展"河权到户"。结合乡域各村实际情况，探索了集体承包、个人承包、股份制承包、合作制承包等多种承包模式。二是分步实施，流程化推进"河权到户"。三是强化监管，规范化落实"河权到户"。加强常态管控，进一步加大河道管护监督力度。加强制度建设，制定相关经营机制和管理机制，有力保障了改革任务落到实处。

2）太湖流域排污权交易

排污权交易是指在一定区域内，在污染物排放总量不超过允许排放量的前提下，内部各污染源之间通过货币交换的方式相互调剂排污量，从而达到减少排污量、保护环境的目的。20 世纪 80 年代末，我国就已开展了排污权交易的探索。2008 年江苏太湖流域率先启动了排污权有偿使用和交易试点,是全国最早开展水排污权交易实践的区域之一。随着太湖流域经济社会迅猛发展,工业废水和生活污水排入流域水体的污染负荷也逐年增加,远超水体环境容量,导致流域内水体全面受到严重污染,水质普遍由 20 世纪 80 年代的 II 类降低至劣 V 类,大部分水域丧失了原来的供水和调节环境的功能。太湖流域开展排污权交易具备良好的条件和迫切的需求。2008 年 8 月,财政部、环境保护部和江苏省政府联合在无锡市举行了太湖流域主要水污染物排污权有偿使用和交易试点启动仪式,并配合试点工作联合制定了《太湖流域主要水污染物排放指标有偿使用试点方案》。2009 年江阴市率先建立了排污权储备交易中心,成为江苏省排污权交易试点的排头兵。截至 2010 年底,江苏省列入试点的排污单位共 1357 家,化学需氧量指标申购量达到 4.97 万吨/年(朱玫,2014)。

2014 年出台的《国务院办公厅关于进一步推进排污权有偿使用和交易试点工作的指导意见》,推动了排污权有偿使用和交易试点工作进展。江苏省"自上而下",围绕分配、交易、核定和监管四项基本环节,形成了指标申购办法、排污量核定与交易、有偿使用收费标准等管理制度和技术文件,为太湖流域水污染物排污权交易工作奠定了政策基础。交易的程序是首先由排污单位提出新增排污权申请,环保部门对所需新增排污权审核确认,确定出让单位并由买卖双方签订有偿转让协议,再由环保部门对转让协议见证审批,并变更转让双方排污许可证。自 2008 年 1 月 1 日起,太湖流域水污染物排污权以污染治理直接成本作为定价参考基础,根据环境承载力、经济发展状况、社会因素等评价指标计算地区分担系数,制定了统一的有偿使用和交易指导价格(杨甜,2011)。其中,苏南、苏中、苏北区域调整系数分别为 1.496、1 和 0.852,得出 COD 初始价格=平均治理成本×地区差异系数,已核定每千克 COD 初始定价为:化工企业 10.5 元,印染企业 5.2 元,造纸企业 1.8 元,酿造企业 2.3 元,其他企业 4.5 元。如果一家化工企业一年要排放 500 吨的 COD,就要支付 525 万元购买核定排污量的排污许可证。2011 年排污指标有偿使用扩大到氨氮、总磷等排污指标。

2.2.2.3 生态资源产业化

1)浙江丽水苔藓产业化经营

浙江丽水依托丰富的苔藓资源,通过吸引相关企业打造苔藓产业链,实现生态产品价值,促进当地经济发展与人民生活改善。丽水地处浙西南,目前发现的苔藓种类有 700 多种,占全国苔藓种类的 1/4,为打造苔藓产业链带来极大的便利。目前从丽水选育出的苔藓品种有大灰藓、东亚砂藓、尖叶匐灯藓、细叶小羽藓、美灰藓、柱朔绢藓、粗枝青藓、薄壁卷柏藓、桧叶白发藓等 9 个藓种。2018 年丽水入选"国家两山创新实践基地",同时作为浙江省生态产品价值实现机制试点,丽水大力支持生态产化发展,吸引生态产业投资。苔藓企业通过土地流转获取适宜苔藓生长土地的经营权,通过发展苔藓原材料供应、室内室外苔藓景观设计,以及布局苔藓绿化工程及苔藓空气调节器等获取收益。当地农户通过土地流转,获取土地收益,并且通过为苔藓企业培育苔藓及到公司务工的形式获取额外收益,农户依托苔藓资源改善生活质量,享受生态产品价值带来的福利。

丽水充分依托丰富的生态资源,促进生态产业化与生态产品价值实现。2019 年浙江省发布《浙江(丽水)生态产品价值实现机制试点方案》,指出要大力发展生态产业,使生态环境变成了现实生产力。例如,丽水市润生苔藓科技有限公司是专业化生产苔藓及其相关产品的创新型企业,通过土地流转方式来获取适宜苔藓生长土地的经营权,通过与当地合作,创建苔藓种植示范基地,提供苔藓棚苗、棚苗栽培所需药剂、技术指导、收购销售服务,同时结合当地文化底蕴,开设 DIY 课堂,打响苔藓产业发展品牌,打通渠道,带动更多资源投向毛垟产业发展,创新传统土地产业发展模式。通过这种模式,年产苔藓 3.5 万平方米,每平方米苔藓卖到 300 元以上,产值逾 1000 万元(叶浩博等,2019)。当地农户除了获取土地流转收益外,通过到苔藓生产企业务工或者与企业合作进行苔藓植物炼苗,每年每亩可以获得 5 万元的收入。

2)武汉"花博汇"生态控制线内的城乡要素资源互通

划定生态红线是我国生态文明制度建设的一项重要任务。我国一些大中城市早在 2010 年前后就已经开始探索划定生态控制线,对城市重要生态空间进行保护。例如,2013 年,武汉市出台了《武汉都市发展区 1∶2000 基本生态控制线规划》,将城区 1814 平方千米范围纳入生态控制线范围,根据《武汉市基本生态控制线管理条例》,规定区域内不允许做高强度建设,应当遵循低强度、低密度、高绿量的建设要求,公园、绿道等生态项目建设应当注重生态优先。武汉"花博汇"位于蔡甸区大集街天星村,总规划面积 5300 亩,地处城市生态控制线区内。

"花博汇"始终坚持"不大拆大建"的理念,通过土地流转获取土地经营权,在维持乡村肌理的基础上完成改造升级,保留区域内原有的房屋、水系、树木等,不改变农用地的属性和用途,通过引进花卉科研、种苗等产业资源,将原有农用地改种花卉等高附加值农作物,打造优美环境。优美环境受到市民的青睐,企业通过收取旅游门票获取收益,同时优美环境还吸引了婚纱摄影、会议、文艺演出、网红产业以及教育休闲等其他项目,直接收入达到 1.2 亿元。当地农民不仅获得了土地流转收益,同时将闲置房屋租赁给经营企业,可以实现户均 4 万~5 万元/年的稳定收入,企业将原本破败的村湾改造成城市市民向往的旅游小镇。

2.2.2.4 绿色金融扶持

1)贵州省绿色金融建设

2017 年 6 月,国务院常务会议决定在贵州、浙江、江西、广东、新疆 5 省(自治区)选择部分地方,建设绿色金融改革创新试验区。贵安新区成为全国首批和西南地区唯一一个获准开展绿色金融改革创新的国家级试验区,为新区生态文明发展提供了绿色动力,为贵州建设国家生态文明试验区积累经验。近年来,贵州围绕支持环境改善、应对气候变化和资源节约高效利用的经济活动,为环保节能、清洁能源、绿色交通、绿色建筑、绿色农业等领域的项目投融资、项目运营、风险管理等提供金融服务,推动贵州绿色资源资本化和经济绿色转型发展。2016 年 11 月,贵州省政府办公厅印发了《省人民政府办公厅关于加快绿色金融发展的实施意见》，明确提出支持绿色金融发展的具体政策，对推动全省生态文明建设起到积极的引导和支持作用。到 2020 年，贵州全省绿色信贷贷款余额突破 2000 亿元，绿色债券规模累计达到 300 亿元，绿色基金规模突破 200 亿元（张欣然，2019）。

（1）创新绿色金融服务。贵州银行结合脱贫攻坚工程和实施农业结构调整的实际，在推进全省 1200 亿元扶贫产业子基金投资工作中，针对扶贫产业子基金项目中绿色、生态、环保、可循环的农业产业化种植、养殖、加工项目和农旅一体化、农业一二三产业融合项目，研究和创新性地提出"绿色产业项目扶贫基金"。基金重点支持绿色产业发展，以从事生态农业、有机农业、循环农业、科技农业和建设友好、和谐的生态旅游目的地为主的企业为投资对象，弱化抵押担保，简化审批流程，优先配置信贷规模资源。

（2）构建绿色金融制度。绿色金融已成为新时代打好金融风险攻坚战和污染防治攻坚战的有力武器，也是生态文明建设的重点工程。绿色金融进入了实质性的着力发展阶段，在绿色金融供给端，金融监管推动实施各种绿色金融政策，以扩大绿色金融资金规模。贵州把构建绿色金融服务体系纳入"十三五"金融业发展专项规划，并明确提出"打造贵安绿色金融示范区，做实贵州绿色金融交易中心，创新绿色金融产品，积极推动绿色资源资本化，助推经济绿色转型发展"的战略。建设综合的绿色金融标准认证体系，贵州在国家现有绿色产业项目标准基础上，依据企业的绿色业务表现值、环境贡献值、社会贡献值和项目的水土保持、资源节约、污染物减排等 15 项指标探索建立绿色企业与项目认证标准，并以此为标准推进绿色项目库建设（赵丹等，2019）。目前贵安新区已经筛选 76 个项目纳入绿色项目库。

（3）建设多层级的绿色金融支撑体系。贵州出台了《贵州省金融业态发展资金管理办法》《关于支持绿色信贷产品和抵质押品创新的指导意见》《贵安新区绿色保险创新工作实施方案》等政策文件，引导金融机构创新绿色金融产品和服务。

（4）建设完备的绿色金融风险防范化解体系。贵州制定《贵安新区绿色金融风险监测和评估办法》《贵安新区绿色金融风险预警工作方案》等政策文件，旨在建立健全绿色金融风险监管体系和预警机制。

（5）注重绿色金融的风险防范化解。贵州还推动试验区建立健全绿色项目风险补偿机制，对开展绿色信贷、绿色债券、绿色保险、绿色基金等业务的有关金融机构，按其损失金额给予风险补偿，分担项目运行的损失风险，切实提高金融机构创新绿色金融产品和服务的积极性。

2）庆元县林权抵押贷款

庆元县地处浙江西南部，是浙江省最偏远的山区，属经济欠发达县、典型山区林业大县，有林业用地面积 251.7 万亩，占土地总面积的 87.6%，人均林地面积 11.5 亩。多年来农民粗放式经营，资产不能盘活，亩均产出不到 100 元，农民守着"聚宝盆"过穷日子。为实现通过深化集体林权制度改革，规范林权流转，盘活森林资源资产，逐步实现"死山变活山""活树变现钱""荒山变绿洲"的"三变"，"林权 IC 卡"应运而生，即林权所有人将其拥有的森林，林木所有权、使用权或林地的使用权作为抵押物，向金融机构借贷，实现了以林权为抵押物的突破，有效地发挥了抵押融资的作用（翁志鸿等，2009）。

庆元县开展以林权地块为单元，以户为单位的集林权证信息、森林资源资产信息、林权抵押登记于一体的"林权 IC 卡"建设试点工作。以户为单位制作发放了"庆元县森林资源资产信息卡"，即"林权 IC 卡"，并与金融部门联合探索建立"统一评估、一户一卡、随用随贷"的林权抵押信用证贷款制度，为林农提供方便、快捷的林权抵押贷款服务（房田甜，2009）。贷款模式分为小额循环贷款模式、林权直接抵押贷款模式和收储中心担保贷款模式。小额循环贷款方面，个人提交申请到银行（信用社），银行（信用社）对林农进行信用等级评定，按信用等级核定相应的贷款限额并通知林农填写林权抵押登记申请书，签订《林农小额循环贷款林权反担合同》，再由林权登记机关到现场集中办理林权抵押登记手续。林权直接抵押贷款方面，个人申请经银行同意后，中介评估机构对其森林资源资产进行评估并出具评估报告，由抵押人与银行签订贷款合同并办理林权抵押登记手续，即填写林权抵押登记申请书。收储中心担保贷款方面，个人提交申请得到担保公司和银行同意后，中介评估机构对其森林资源资产进行评估并出具评估报告，与担保公司签订担保合同并办理林权登记手续，即填写林权抵押登记申请书。

2.2.2.5 发展权共享

1）浙江金华–磐安异地开发产业园

磐安县地处浙中深山腹地，是金华市辖县之一，是钱塘江、瓯江、灵江、曹娥江四大水系发源地，是横锦水库的水源地，森林覆盖率达 75.4%，总面积达 1196 平方千米，90% 以上为山地。磐安县曾是浙江省有名的贫困县，原有贫困家庭 4755 户，贫困人口 7072 人。金华市金东区、东阳市、义乌市、婺城区、兰溪市 5 个市（区）地处发源于磐安县的东阳江下游，磐安县每年为东阳江水系提供 4 亿立方米的水资源，为下游 300 多万人提供干净饮用水资源。1992 年浙江省政府批准的《浙江省水功能区划分方案》确定磐安县 98% 的国土划为一类水功能保护区，县内禁止布设工业排污口，工业发展受阻。1992 ~ 1994 年浙江省政府在磐安县组织实施了救济式帮扶和产业扶持措施，成效甚微。经过多方协调，浙江省政府于 1994 年 12 月 28 日批准金华市扶贫经济开发区设立了金磐扶贫经济开发区，占地面积 2 平方千米，由磐安县和金华市共同管理、共同经营、共享利益。

1994 年 4 月，国家开始实施"八七扶贫攻坚计划"，在全国范围内设立扶贫开发区；随后，浙江省政府出台文件决定浙江将面向贫困县建立异地扶贫经济开发区，吸引贫困县进入开发区，带动浙中地区经济发展；同时于 1994 年 12 月 28 日批准设立金磐扶贫经济开发区。金磐扶贫经济开发区位于金华市婺城区，金华市负责土地征用事宜，以土地成本价将土地的使用权、经营权、收益权等权益出让给磐安县，使用年限 50 年，建设用地指标计入磐安县（陈璐，2015）。金磐扶贫经济开发区由磐安县人民政府的派出机构成立浙江金磐扶贫经济开发区管委会，独立行使园区内的县级经济管理权，负责区内的开发建设有关日常行政管理工作；磐安县和金华经济开发区共同负责区域内工商、财税、建设事宜。金磐扶贫经济开发区实现的产值、税收由磐安县与金华经济开发区按 3∶2 比例进行分成。开发区自建成每年为磐安县创造了财政收入 4 亿元，占磐安全县财政收入的 1/3；每年为磐安县贡献 GDP 约 7 亿元，约占磐安县工业产值的 64%。总的来说，约相当于磐安县为下游地区提供每立方米水资源获 1.75 元收益。磐安县获得的收益主要用于城市基础设施建设、乡村建设、生态环境保护建设等多个方面。

2）四川成都-阿坝协作共建工业园

四川阿坝位于长江支流岷江上游地区，是成都上游紫坪铺水库主要水源地，每年为下游提供 7 亿立方米水资源，既是重要的水源涵养区，又是生态脆弱区。2008 年 "5·12 汶川大地震"，阿坝地区 13 县、69.3 万人受灾，工业受损严重，工业产值同比下降 48.6%，直接经济损失 1823 亿元。震后，地质环境脆弱，生态环境容量骤减，难以承载区域工业发展，区域内工业急需外迁。成都市位于岷江下游，生产和生活用水主要来自紫坪铺水库，其水源地生态环境保护不仅关系到成都 1000 多万人的生活用水质量，也关系到国家粮食安全。在国务院《汶川地震灾后恢复重建总体规划》指导下，经四川省政府的协调，2009 年下半年成都、阿坝两地政府采取紧密型合作方式，在成都市金堂县淮口、白果、高板交界处，共同筹划建立了成都-阿坝工业园，园区规划面积 10 平方千米，由成都市和阿坝州共同出资建设、共同管理、共享利益。

2009 年国家《汶川地震灾后恢复重建总体规划》鼓励发展"飞地经济"，鼓励合作共建，建议灾区适度重建区和生态重建区企业异地新建，其中阿坝水磨工业园区属于撤并迁建行列。在四川省政府的协调下，2009 年 2 月 5 日阿坝与成都正式签署共建成都-阿坝共建工业集中发展区协议，协议确定在成都市金堂县淮口镇、高板镇规划建立成都-阿坝工业园，占地面积 10 平方千米，承接阿坝工业、企业的迁移；同时，审议通过了《成都—阿坝共建工业集中发展区联席会议制度》。2009 年成都-阿坝工业园区争取到用地指标 300 公顷，使用年限 50 年。成都与阿坝共同筹资 4 亿元成立了成阿发展实业公司，其中成都市出资 60%，阿坝州出资 40%。成阿发展实业公司负责工业园区的开发建设和产业配套功能、征地拆迁、安置补偿等资金的筹集，并由两地选派领导交叉配备组成公司董事会。设立成都-阿坝工业园区管理委员会，负责园区的发展规划、建设、运营、管理等工作；金堂县履行成都市的职责，全力做好项目招商引资、征地拆迁、政务服务等工作；并且金堂县财政垫支近 1 亿元解决园区征地拆迁、社保等资金问题，为园区提供了价值 25 亿元的土地使用权抵押担保；阿坝负责按入园要求协调阿坝现有工业企业迁入成都-阿坝工业园区，并与广东、湖南、江西等对口援建省进行产业转移项目的衔接协调。园区内的招商引资、工业增加值、创汇、税收等主要经济指标，成都与阿坝按 4∶6 比例分享。自工业园区建成起阿坝分享规模拟上工业总产值年均 18 余亿元，约相当于其工业产值的 13%；分享税收 4800 万元，约占其财政总收入的 1.6%。总的来说，约相当于阿坝为成都提供每立方米水资源获 2.5 元收益。阿坝所获园区收益主要用于阿坝城市基础设施建设、灾区重建、防灾减灾、生态修复等工作。

2.2.2.6　生态扶贫

1）湖南十八洞村精准扶贫

湖南省花垣县十八洞村是"精准扶贫"的首提地（李志林等，2017）。2013 年 11 月 3 日，习近平总书记考察十八洞村，做出了"实事求是、因地制宜、分类指导、精准扶贫"的重要指示，要求十八洞村开展扶贫工作时，不仅要自身实现脱贫，其脱贫之路还要"可复制，可推广"。湖南省花垣县十八洞村，是一个在偏僻山谷中的苗族聚居贫困村，全村 225 户、989 人，耕地面积 817 亩，人均耕地仅有 0.83 亩。2013 年全村人均纯收入仅 1668 元，有贫困户 136 户、542 人，占全村总人口一半以上。十八洞村有着丰富的生态资源，林地面积 11 093 亩，森林覆盖率达到 78%，有着深厚的苗族文化底蕴，苗族原生态文化保存完好，村内有传统的大峡谷、溶洞等自然景观，旅游资源丰富（游俊等，2018）。十八洞村依托生态资源优势，开启了精准脱贫的征程，经过三年多的实践，该村成为扶贫脱贫成效显著的典范，2017 年 2 月，湖南省扶贫办宣布十八洞村成功脱贫摘帽。

十八洞村通过制定全村整体发展规划、扶贫脱贫项目规划和农户个体脱贫规划等系列规划，精准发力，改变以往的"输血式"扶贫方式，充分调动各方积极性，因地制宜地探索"造血式"扶贫。一是探索股份合作扶贫模式，在花垣县国家农业科技示范园里流转土地 970 亩进行猕猴桃产业建设。每个贫困户用 3000 元帮扶资金，再自己出资 100 元入股；非贫困户由财政出资 1500 元，再自己出资 50 元入股，村民每年可获得分红，2017 年，贫困户人均分红达 1000 元，非贫困户人均分红达 500 元。二是发展旅游产业。2014 年 9 月开办的村内第一家农家乐，目前年收入已经达到 20 万元；2017 年 9 月，成立了十八洞农旅农民专业合作社，将村民的田地流转到该合作社统一经营，按照规划在这些土地上分片种植猕猴桃、黄桃、蚕桑、黄金茶。每年给村民的保底收入是水田、旱地、坡地分别每亩 600 元、400 元、200 元，经营产生效益后还可以分红。三是发展劳务输出经济。组织全村 200 余名富余劳动力外出务工，年人均劳务收入在 2 万元以上。四是发展以苗绣织锦为主的加工业。将留守的 49 名妇女组织起来，组建苗绣合作社，一名绣工每年可增收 1500 元以上。

2）湖北咸丰县"121+3"产业扶贫

湖北省恩施州大力创新社会扶贫机制，提出了"121"产业扶贫模式，即每个贫困村对接 1 个龙头企业、组建金融互助社和专业合作社 2 个社、发展 1 种主导产业。咸丰县地处武陵山腹地，曾是国家级深度贫困县，全县土地面积 2550 平方千米，其中耕地面积 4.4 万公顷，占 17.2%，森林资源丰富，林地面积 19.7 万公顷，森林覆盖率接近 80%。截至 2013 年，咸丰县总人口 36.4 万人，全县建档立卡贫困人口 14.69 万。咸丰县在坚决落实推进恩施州提出的"121"产业扶贫模式的基础上，不断丰富和完善其内涵，创新建立了"121+3"产业扶贫模式，即 121+3 个社（县级 1 个专业合作社联合社、每个乡镇 1 个供销合作社、每个贫困村 1 个村集体经济股份合作社），坚持产业融合发展思路，推进实施"旅游+、光伏+、互联网+"等扶贫行动，构建一二三产业助力脱贫攻坚的"链条式"产业发展格局，走出了一条产业扶贫的新路径。

咸丰县以产业扶贫作为脱贫攻坚战的核心，一是坚持体制机制创新，积极对接市场主体、完善担保体系、发展主导产业，形成"抱团式"产业发展格局；二是坚持互利共赢原则，实现"市场主体+村集体+贫困户"利益联结，形成市场主体、村集体、贫困户公共受益的"红利式"产业发展格局；三是坚持产业融合发展思路，推进实施"旅游+、光伏+、互联网+"等扶贫行动，构建一二三产业助力脱贫攻坚的"链条式"产业发展格局；四是发挥政策资金的杠杆作用，撬动金融、市场主体、社会资本共同参与，构建政府、市场、社会协同推进的"开放式"扶贫格局。

3）湖南平江县"生态–旅游–扶贫"联动发展

平江县位于湖南省东北部，与湘、鄂、赣三省交界，毗邻长沙市，曾是国家扶贫开发重点县，总面积4125平方千米，总人口112万，2014年全县有建档立卡贫困村191个，占总村数的23.7%，有建档立卡贫困人口48 401户167 229人，占总人口的15%。平江县自然生态系统的完整性、独立性和生物多样性、复杂性及独特的生态景观为国内少有。有山林面积434.7万亩，占全县土地总面积的70%，活立木总蓄积量593万多立方米，森林覆盖率达65.7%。良好的生态环境和丰富的生态旅游资源是平江赖以生存和发展的优势资源，甚至可以看作平江发展的"饭碗"，平江县注重生态建设，五届县委县政府都将"生态立县"作为基本战略。近年来，该县深入挖掘生态这一"金山银山"的潜力，创新"生态–旅游–扶贫"联动发展机制，依托生态带动旅游发展，依托生态旅游开发促进精准扶贫，实现生态、旅游、扶贫联动发展。通过2014～2017年合力攻坚，全县有29 900户111 135人实现稳定脱贫，56个贫困村脱贫退出，贫困发生率由15.9%降至4.5%，2016年获评全省脱贫攻坚工作先进县（陈灿煌，2019）。

实施生态治理先行机制，提升生态产品质量。建立全域环境整治推进机制，出台《平江县全域环境综合整治整县推进实施方案》等"一方案四办法"，制定全域环境整治目标和措施。实施养殖业"禁养区、限养区、适养区"分区管理，开展节能减排、生态经济、绿色县城、洁净乡村、清洁水源、清洁空气、清洁土壤、森林平江、绿色殡葬、绿色创建"十大专项行动"。构建生态旅游融合发展机制，激活生态产品价值。一是建立规划层面融合发展机制。高标准编制《平江县旅游发展总体规划》以及各类专项规划，将规划设计与项目审批、环保第一审批全面结合。二是建立部门职能整合运行机制。三是建立要素层面整合投入机制。出台《关于促进旅游产业转型升级的决定》《平江县全域环境综合整治整县推进资金整合办法》等。完善项目产业联动机制，夯实生态产品价值。一是深挖生态旅游。创新生态旅游帮扶机制，实现生态产品价值共享。二是建立生态公益就业帮扶机制。三是建立易地搬迁帮扶机制。

3 长江经济带社会经济发展基本概况

3.1 长江经济带基本概况与社会经济发展水平[①]

3.1.1 基本概况

长江经济带横贯我国东中西三大区域，覆盖上海市、江苏省、浙江省、安徽省、江西省、湖北省、湖南省、重庆市、四川省、云南省、贵州省9个省2个直辖市，共计124个地级市（自治州），总面积约205万平方千米，按上、中、下游划分，下游地区包括上海、江苏、浙江、安徽4省（直辖市），面积约35.03万平方千米，占长江经济带总面积的17.1%；中游地区包括江西、湖北、湖南3省，面积约56.46万平方千米，占长江经济带总面积的27.5%；上游地区包括重庆市、四川省、贵州省、云南4省（直辖市），面积约113.74万平方千米，占长江经济带总面积的55.4%。长江经济带以约占全国21%的区域面积承载着全国43%的人口和45%的经济总量，是我国密度最高的经济走廊之一，也是目前世界上可开发规模最大、影响范围最广的内河流域经济带，在我国发展总体格局中具有举足轻重的地位。长江经济带覆盖多个经济大省，产业实力雄厚，产业发展体系完善，汇集了我国钢铁、汽车、电子、石化和高端装备等现代工业，具有较强的产业创新能力、物流供应体系和广阔的市场辐射空间。同时，长江经济带拥有较为完备的基础设施和辐射带动周边地区发展的功能，水域干支流网络密集，港口众多，是我国最重要、最发达的内河航运系统。沿线分布大量河流、湖泊和湿地，拥有全国约40%的可利用淡水资源，不仅哺育了沿江近6亿人口，还通过南水北调工程惠及华北地区上亿人口。

3.1.2 人均GDP

钱纳里将经济发展水平由不发达经济向成熟工业经济发展的历程分为六个阶段（表3-1）（尚勇敏，2015）：第一阶段为不发达经济阶段，生产力水平很低，工业生产没有或很少；第二阶段为工业化初期阶段，产业结构由以农业为主向以工业为主转型，工业以劳动密集型产业占比最高；第三阶段为工业化中期阶段，工业中重工业占比开始上升并超过轻工业占比，因此也称为重工业化阶段，产业结构以资本密集型产业为主；第四阶段为工业化后期阶段，此阶段的重要标志是第三产业发展速度大大加快，成为经济增长的主要推动力；

[①] 社会经济相关数据来自国家统计局《中国统计年鉴2019》。

第五阶段是后工业化阶段,此阶段技术密集型产业替代资本密集型产业成为主导产业;第六阶段为现代化阶段,服务业中的知识密集型产业开始占据主导地位,同时人们的消费需求呈现出多样化、个性化的特点(尚勇敏,2015)。

表3-1　钱纳里经济发展阶段划分标准　　　　　　　　　　（单位：美元）

阶段	第Ⅰ阶段	第Ⅱ阶段			第Ⅲ阶段	
	不发达经济阶段	工业化初期	工业化中期	工业化后期	后工业化阶段	现代化阶段
2000 年	620 ~ 1 240	1 240 ~ 2 490	2 490 ~ 4 970	4 970 ~ 9 320	9 320 ~ 14 910	14 910 ~ 22 380
2005 年	710 ~ 1 410	1 410 ~ 2 820	2 820 ~ 5 640	5 640 ~ 10 570	10 570 ~ 16 920	16 920 ~ 25 380
2010 年	790 ~ 1 570	1 570 ~ 3 150	3 150 ~ 6 300	6 300 ~ 11 810	11 810 ~ 18 900	18 900 ~ 28 350
2015 年	935 ~ 1 869	1 869 ~ 3 739	3 739 ~ 7 478	7 478 ~ 14 021	14 021 ~ 22 434	22 434 ~ 33 650

2018 年长江经济带 GDP 约为 41.00 万亿元,约占全国 GDP 的 45%,人均 GDP 为 68 489 元(约 10 350 美元),高于我国人均 GDP 平均水平(64 644 元),按照世界银行的最新收入划分标准①,整体上处于中等偏上收入水平(3895 ~ 12 055 美元)。长江经济带整体处在工业化后期,与发达国家相比,长江经济带相当于日本 20 世纪 60 年代的水平,相当于美国、英国、芬兰、丹麦 20 世纪 40 年代或 50 年代的水平(表3-2,表3-3)。

表3-2　部分发达国家不同年代人均 GDP 的发展情况　　　　（单位：美元）

国家	时期					
	1960 ~ 1969 年	1970 ~ 1979 年	1980 ~ 1989 年	1990 ~ 1999 年	2000 ~ 2009 年	2010 ~ 2019 年
美国	17 000 ~ 23 000	23 000 ~ 29 000	29 000 ~ 36 000	36 000 ~ 44 000	44 000 ~ 48 000	≥48 000
英国	13 000 ~ 17 000	17 000 ~ 22 000	22 000 ~ 28 000	28 000 ~ 35 000	35 000 ~ 39 000	≥39 000
芬兰	12 000 ~ 17 000	17 000 ~ 25 000	25 000 ~ 33 000	33 000 ~ 39 000	39 000 ~ 45 000	≥45 000
丹麦	21 000 ~ 30 000	30 000 ~ 36 000	36 000 ~ 44 000	44 000 ~ 55 000	55 000 ~ 58 000	≥58 000
日本	8 600 ~ 18 000	18 000 ~ 25 000	25 000 ~ 36 000	36 000 ~ 42 000	42 000 ~ 45 000	≥45 000

根据世界银行收入划分标准长江经济带 11 个省(直辖市)中,上海市、江苏省、浙江省 3 个省(直辖市)已跨入高收入水平;安徽省、江西省、湖北省、湖南省、重庆市、四川省、云南省、贵州省 8 个省(直辖市)属于中等偏上收入水平。上海市、江苏省、浙江省 3 个省(直辖市)处于后工业化阶段;湖北省、湖南省、重庆市 3 个省(直辖市)处于工业化后期;安徽省、江西省、四川省、云南省、贵州省 5 个省处于工业化中期。其中,上海市相当于美国 20 世纪 60 年代的经济水平,相当于英国、芬兰、丹麦和日本 70 年代的经济水平;江苏省相当于美国和日本 60 年代的经济水平,相当于英国和芬兰 70 年代的经济水平;浙江省相当于英国、芬兰和日本 60 年代的经济水平;安徽省、湖北省和重庆市相当于日本 60 年代的经济水平;安徽省、江西省、湖南省、四川省、云南省、贵州省相当于美国、英国、芬兰、丹麦、日本 50 年代的经济水平。

① 世界银行数据库 https://data.worldbank.org。

　　长江经济带124个地级市（自治州）中，处于高收入水平的城市有25个，约占所有城市的20.16%；中等偏上收入水平的城市有89个，约占所有城市的71.77%；中等偏下收入水平的城市有10个，约占所有城市的8.07%。处于工业化初期的城市有8个，约占所有城市的6.45%；工业化中期的城市有58个，约占所有城市的46.77%；工业化后期的城市有37个，约占所有城市的29.84%；后工业化阶段的城市有17个，约占所有城市的13.71%；现代化阶段的城市有4个，约占所有城市的3.23%。

表 3-3　长江经济带 2018 年 GDP 与人均 GDP

省（直辖市）	地级市（自治州）	GDP（亿元）	人均 GDP（元）
上海市	—	32 680	134 982
江苏省	南京市	12 820	152 886
	无锡市	11 439	174 270
	徐州市	6 755	76 915
	常州市	7 050	149 277
	苏州市	18 597	173 765
	南通市	8 427	115 320
	连云港市	2 772	61 332
	淮安市	3 601	73 204
	盐城市	5 487	75 987
	扬州市	5 466	120 944
	镇江市	4 050	126 906
	泰州市	5 108	109 988
	宿迁市	2 751	55 906
浙江省	杭州市	13 509	140 180
	宁波市	10 745	132 603
	温州市	6 006	65 055
	嘉兴市	4 872	103 858
	湖州市	2 719	90 304
	绍兴市	5 417	107 853
	金华市	4 100	73 428
	衢州市	1 471	66 936
	舟山市	1 317	112 490
	台州市	4 875	79 541
	丽水市	1 395	63 611
安徽省	合肥市	7 823	97 470
	淮北市	985	43 962
	亳州市	1 277	24 547

省（直辖市）	地级市（自治州）	GDP（亿元）	人均 GDP（元）
安徽省	宿州市	1 630	28 757
	蚌埠市	1 715	50 662
	阜阳市	1 760	21 589
	淮南市	1 133	32 487
	滁州市	1 802	43 999
	六安市	1 288	26 731
	马鞍山市	1 918	82 695
	芜湖市	3 279	88 085
	宣城市	1 317	50 065
	铜陵市	1 222	75 524
	池州市	685	46 865
	安庆市	1 918	41 088
	黄山市	678	48 579
江西省	南昌市	5 275	100 700
	景德镇市	847	50 723
	萍乡市	1 009	52 307
	九江市	2 700	55 274
	新余市	1 027	86 791
	鹰潭市	819	69 923
	赣州市	2 807	32 429
	吉安市	1 742	35 202
	宜春市	2 181	39 199
	抚州市	1 382	34 226
	上饶市	2 213	32 555
湖北省	武汉市	14 847	135 136
	黄石市	1 587	64 249
	十堰市	1 748	51 315
	宜昌市	4 064	98 269
	襄阳市	4 310	76 200
	鄂州市	1 005	93 317
	荆门市	1 848	63 700
	孝感市	1 913	38 900
	荆州市	2 082	36 900
	黄冈市	2 035	32 124
	咸宁市	1 362	53 655

续表

省（直辖市）	地级市（自治州）	GDP（亿元）	人均GDP（元）
湖北省	随州市	1 011	45 700
	恩施土家族苗族自治州	871	25 848
湖南省	长沙市	11 003	136 920
	株洲市	2 632	65 442
	湘潭市	2 161	75 609
	衡阳市	3 046	42 163
	邵阳市	1 783	24 178
	岳阳市	3411	59 165
	常德市	3 394	58 160
	张家界市	579	37 719
	益阳市	1 758	39 937
	郴州市	2 392	50 482
	永州市	1 806	33 035
	怀化市	1 513	30 449
	娄底市	1 540	39 249
	湘西土家族苗族自治州	605	22 885
重庆市	—	20 363	65 933
四川省	成都市	15 343	94 782
	自贡市	1 407	48 329
	攀枝花市	1 174	94 938
	泸州市	1 695	39 230
	德阳市	2 214	62 569
	绵阳市	2 304	47 538
	广元市	802	30 105
	遂宁市	1 221	37 943
	内江市	1 412	37 885
	乐山市	1 615	49 397
	南充市	2 006	31 203
	眉山市	1 256	42 157
	宜宾市	2 026	44 604
	广安市	1 250	38 520
	达州市	1 690	29 627
	雅安市	646	41 985
	巴中市	646	19 458
	资阳市	1 067	42 112

续表

省（直辖市）	地级市（自治州）	GDP（亿元）	人均GDP（元）
	阿坝藏族羌族自治州	307	32 552
四川省	甘孜藏族自治州	291	24 446
	凉山彝族自治州	1 533	31 472
	昆明市	5 207	76 387
	曲靖市	2 013	32 798
	玉溪市	1 493	62 641
	保山市	738	28 168
	昭通市	890	15 987
	丽江市	351	27 128
	普洱市	662	25 170
	临沧市	630	24 892
云南省	楚雄彝族自治州	1 024	37 303
	红河哈尼族彝族自治州	1 594	33 706
	文山壮族苗族自治州	859	23 568
	西双版纳傣族自治州	418	35 286
	大理白族自治州	1 122	31 251
	德宏傣族景颇族自治州	381	29 033
	怒江傈僳族自治州	162	29 375
	迪庆藏族自治州	218	52 669
	贵阳市	3 798	78 449
	六盘水市	1 526	52 059
	遵义市	3 000	47 931
	安顺市	849	36 164
贵州省	毕节市	1 921	28 794
	铜仁市	1 067	33 720
	黔西南布依族苗族自治州	1 164	40 608
	黔东南苗族侗族自治州	1 037	29 358
	黔南布依族苗族自治州	1 313	39 965
长江经济带		410 049	68 489
全国		900 310	64 644

从区域上看，长江下游地区GDP为21.39万亿元，约占长江经济带GDP的52%，人口22 535万人，约占长江经济带人口的38%，人均GDP为94 899元（约14341美元）属于高收入水平，处于后工业化阶段；中游地区GDP为10.05万亿元，约占长江经济带GDP的25%，人口17 463万人，约占长江经济带人口的29%，人均GDP为57 541元（约8695美元），属于中等偏上收入水平，处于工业化后期；上游地区GDP为9.57万亿元，

约占长江经济带 GDP 的 23%，人口 19 872 万人，约占长江经济带人口的 33%，人均 GDP 为 48 160 元（约 7278 美元）属于中等偏上收入水平，处于工业化中期。

3.1.3 产业结构

经济发展过程中，产业结构也会表现出较明显的阶段性特征，表现为各产业产值及从业人员结构呈现一定的变化趋势。在工业化初期，产业结构以第一产业为主，第二产业和第三产业产值占比均较小；随着工业化进程的推进，第一产业占比逐渐下降，第二产业和第三产业占比逐渐上升，且第二产业增幅大于第三产业，当第一产业占比降到 20% 以下时，进入工业化中期阶段；当第二产业占比持续上升达到最高点且第一产业占比降低到 10% 以下时，进入工业化后期阶段；此后第二产业占比逐渐稳定或有所下降，与此同时第三产业占比迅速提升，当其占比超过第二产业而占据主导地位时，进入后工业化阶段（表 3-4）（白雪飞，2011）。

表 3-4 基于产业结构的经济发展阶段划分标准

发展阶段	前工业化阶段	工业化实现阶段			后工业化阶段
		工业化初期	工业化中期	工业化后期	
产业结构	$A>I$	$A>20\%$，$A<I$	$10\%<A<20\%$，$I>S$	$0<A<10\%$，$I>S$	$0<A<10\%$，$I<S$

注：A 代表第一产业占比，I 代表第二产业占比，S 代表第三产业占比

2018 年长江经济带第一产业增加值为 27 473 亿元，占 GDP 的比例为 6.70%，低于全国平均水平（7.20%）；第二产业增加值为 175 737 亿元，占 GDP 的比例为 42.86%，高于全国平均水平（40.70%）；第三产业增加值 206 840 亿元，占 GDP 的比例为 50.44%，低于全国平均水平（52.10%）。基于产业结构的经济发展阶段划分标准（表 3-4），长江经济带整体上已进入后工业化阶段（表 3-5）。

长江经济带 11 个省（直辖市）中，上海市、江苏省、浙江省、湖北省、湖南省、重庆市 6 个省（直辖市）处于后工业化阶段；湖北省、湖南省、重庆市、安徽省、江西省 5 个省（直辖市）处于工业化后期；四川省、云南省、贵州省 3 个省处于工业化中期。124 个地级市（自治州）中，处于工业化初期的城市有 11 个，占所有城市的 8.87%；处于工业化中期的城市有 63 个，占所有城市的 50.81%；处于工业化后期的城市有 24 个，占所有城市的 19.35%；处于后工业化阶段的城市有 26 个，占所有城市的 20.97%。

表 3-5 长江经济带 2018 年产业结构 （单位：%）

省（直辖市）	地级市（自治州）	第一产业占比	第二产业占比	第三产业占比
上海市	—	0.32	29.78	69.90
江苏省	南京市	2.13	36.83	61.04
	无锡市	1.09	47.77	51.14
	徐州市	9.40	41.60	49.00
	常州市	2.20	46.30	51.50
	苏州市	1.15	48.00	50.80

续表

省（直辖市）	地级市（自治州）	第一产业占比	第二产业占比	第三产业占比
江苏省	南通市	4.72	46.85	48.43
	连云港市	11.75	43.56	44.69
	淮安市	9.96	41.88	48.16
	盐城市	10.45	44.40	45.15
	扬州市	5.00	47.99	47.01
	镇江市	3.42	48.80	47.78
	泰州市	5.50	47.60	46.90
	宿迁市	10.93	46.52	42.55
浙江省	杭州市	2.26	33.84	63.90
	宁波市	2.85	51.25	45.90
	温州市	2.36	39.62	58.02
	嘉兴市	2.36	53.87	43.77
	湖州市	4.70	46.84	48.46
	绍兴市	3.62	48.22	48.16
	金华市	3.31	42.57	54.12
	衢州市	5.51	44.99	49.50
	舟山市	10.83	32.54	56.63
	台州市	5.42	44.77	49.80
	丽水市	6.75	41.43	51.82
安徽省	合肥市	3.50	46.20	50.30
	淮北市	6.63	54.81	38.56
	亳州市	16.47	38.90	44.63
	宿州市	15.56	36.84	47.60
	蚌埠市	12.12	44.46	43.42
	阜阳市	17.66	41.90	40.44
	淮南市	10.80	46.57	42.63
	滁州市	12.25	51.62	36.13
	六安市	15.27	40.61	44.12
	马鞍山市	4.53	53.59	41.88
	芜湖市	4.00	52.20	43.80
	宣城市	10.28	48.71	41.01
	铜陵市	4.09	58.25	37.66
	池州市	10.94	42.29	46.77
	安庆市	10.43	49.87	39.70
	黄山市	8.39	34.90	56.71

续表

省（直辖市）	地级市（自治州）	第一产业占比	第二产业占比	第三产业占比
江西省	南昌市	3.62	50.45	45.94
	景德镇市	6.67	47.52	45.81
	萍乡市	5.88	46.51	47.61
	九江市	7.01	50.48	42.52
	新余市	5.40	49.57	45.03
	鹰潭市	6.88	55.04	38.08
	赣州市	12.12	42.54	45.34
	吉安市	11.94	45.35	42.71
	宜春市	12.34	44.82	42.84
	抚州市	14.42	40.94	44.64
	上饶市	11.44	46.04	42.52
湖北省	武汉市	2.44	42.96	54.60
	黄石市	6.03	58.56	35.41
	十堰市	9.05	48.26	42.69
	宜昌市	9.51	52.46	38.03
	襄阳市	9.62	51.47	38.91
	鄂州市	9.37	52.09	38.54
	荆门市	12.24	51.08	36.68
	孝感市	15.01	48.39	36.60
	荆州市	19.44	43.63	36.93
	黄冈市	18.48	40.88	40.64
	咸宁市	13.72	48.65	37.63
	随州市	14.25	48.33	37.42
	恩施土家族苗族自治州	19.09	34.01	46.90
湖南省	长沙市	2.90	42.35	54.75
	株洲市	7.05	43.67	49.28
	湘潭市	5.79	48.21	46.00
	衡阳市	11.06	33.61	55.33
	邵阳市	16.59	35.16	48.25
	岳阳市	9.38	41.76	48.86
	常德市	10.25	37.87	51.88
	张家界市	10.15	17.72	72.13
	益阳市	13.98	38.08	47.94
	郴州市	8.46	45.02	46.52
	永州市	16.38	33.69	49.93

续表

省（直辖市）	地级市（自治州）	第一产业占比	第二产业占比	第三产业占比
湖南省	怀化市	12.49	30.47	57.04
	娄底市	9.86	45.33	44.81
	湘西土家族苗族自治州	13.19	28.37	58.44
重庆市	—	6.77	40.90	52.33
四川省	成都市	3.41	42.47	54.12
	自贡市	10.77	46.47	42.76
	攀枝花市	3.39	62.30	34.31
	泸州市	11.24	52.10	36.66
	德阳市	10.99	48.38	40.63
	绵阳市	13.08	40.34	46.58
	广元市	14.73	44.72	40.55
	遂宁市	13.56	46.28	40.16
	内江市	15.53	43.27	41.20
	乐山市	10.27	44.69	45.04
	南充市	19.04	41.07	39.89
	眉山市	14.85	44.14	41.01
	宜宾市	12.27	49.68	38.05
	广安市	13.88	46.01	40.11
	达州市	19.30	35.73	44.97
	雅安市	13.28	46.90	39.82
	巴中市	15.21	48.99	35.80
	资阳市	15.64	47.59	36.77
	阿坝藏族羌族自治州	16.16	45.50	38.34
	甘孜藏族自治州	22.48	41.82	35.70
	凉山彝族自治州	20.06	39.99	39.95
云南省	昆明市	4.27	39.14	56.59
	曲靖市	17.89	38.61	43.50
	玉溪市	10.01	51.33	38.66
	保山市	22.83	38.09	39.08
	昭通市	18.28	44.72	37.00
	丽江市	15.04	39.26	45.70
	普洱市	24.70	36.86	38.44
	临沧市	27.32	32.60	40.08
	楚雄彝族自治州	17.70	40.70	41.60
	红河哈尼族彝族自治州	14.70	47.70	37.60

续表

省（直辖市）	地级市（自治州）	第一产业占比	第二产业占比	第三产业占比
云南省	文山壮族苗族自治州	19.81	35.78	44.41
	西双版纳傣族自治州	24.40	27.40	48.20
	大理白族自治州	20.03	37.84	42.13
	德宏傣族景颇族自治州	22.32	24.32	53.35
	怒江傈僳族自治州	13.70	31.10	55.20
	迪庆藏族自治州	5.80	41.50	52.70
贵州省	贵阳市	4.03	37.22	58.75
	六盘水市	9.70	48.63	41.67
	遵义市	13.71	45.80	40.49
	安顺市	17.56	32.12	50.32
	毕节市	21.58	36.28	42.14
	铜仁市	22.74	28.27	48.99
	黔西南布依族苗族自治州	18.30	32.29	49.41
	黔东南苗族侗族自治州	20.38	22.34	57.28
	黔南布依族苗族自治州	16.49	35.65	47.86
长江经济带		6.70	42.86	50.44
全国		7.20	40.70	52.10

从区域上看，长江经济带下游地区第一产业增加值为 8665 亿元，占 GDP 的比例约为 4.05%，低于全国平均水平（7.20%）；第二产业增加值为 91 210 亿元，占 GDP 的比例约为 42.65%，高于全国平均水平（40.70%）；第三产业增加值为 113 984 亿元，占 GDP 的比例约为 53.30%，高于全国平均水平（52.10%）。基于产业结构的经济发展阶段划分标准，长江经济带下游地区整体上已进入后工业化阶段。中游地区第一产业增加值为 8578 亿元，约占 GDP 的比例为 8.54%，高于全国平均水平（7.20%）；第二产业增加值为 44 610 亿元，约占 GDP 的比例为 44.39%，高于全国平均水平（40.70%）；第三产业增加值为 47 298 亿元，约占 GDP 的比例为 47.07%，低于全国平均水平（52.10%）。基于产业结构的经济发展阶段划分标准，长江经济带中游地区整体上已进入后工业化阶段。上游地区第一产业增加值为 10 230 亿元，约占 GDP 的比例为 10.69%，高于全国平均水平（7.20%）；第二产业增加值 39 917 亿元，约占 GDP 的比例为 41.71%，高于全国平均水平（40.70%）；第三产业增加值 45 558 亿元，约占 GDP 的比例为 47.60%，低于全国平均水平（52.10%）。基于产业结构的经济发展阶段划分标准，长江经济带上游地区整体上已进入工业化中期。

3.1.4 城镇化率

在城市化初期阶段，城市人口占总人口的比例在 10%~30%，这一阶段农村人口占绝对优势，生产力水平较低，工业提供的就业机会有限，农村剩余劳动力释放缓慢，发展也比较缓慢。到中期阶段后，城市人口占总人口的比例为30%~70%，城市化进入快速发展时期，城市人口占比可在较短的时间内突破50%进而上升到70%左右。进入城市化后期阶段，城市人口占总人口的比例在70%以上，这一阶段也称为城市化稳定阶段（表3-6）。

表3-6　钱纳里工业化发展阶段与城市化水平之间的数量对比关系

城市化水平	城市化发展阶段	工业化阶段
10%~30%	城市化初期	工业化初期
30%~70%	城市化中期	工业化中期
70%~80%	城市化后期	工业化后期
80%以上		后工业化时期

钱纳里等经济学家在研究各国经济结构转变的趋势时，曾概括了工业化发展阶段与城市化水平之间的数量对比关系（表3-6）（谢文蕙和邓卫，1996），即城市化与工业化是相伴而生、共同发展的，工业化必然带来城市化，而城市化所提供的集聚效应又反过来推进工业化进程。一般认为，在工业化初期阶段，城镇化率为10%~30%；在工业化中期阶段，城镇化率为30%~70%；在工业化后期阶段，城镇化率一般为70%~80%；后工业化时期，城市化率在80%以上。

2018年长江经济带人口约5.95亿人，约占全国总人口的43%，其中城镇常住人口35 590万人，农村常住人口24 089万人，常住人口城镇化率为59.78%，略高于全国平均水平（59.58%）（表3-7）。基于城市化发展阶段划分标准（表3-8），长江经济带整体上处于城市化中期阶段（谢文蕙，2009）。

表3-7　长江经济带2018年城镇化率

省（直辖市）	地级市（自治州）	常住总人口（万人）	城镇常住人口（万人）	城镇化率（%）
上海市	—	2 424	2 136	88.12
江苏省	南京市	844	696	82.50
	无锡市	657	502	76.30
	徐州市	880	573	65.10
	常州市	473	343	72.50
	苏州市	1 072	815	76.10
	南通市	731	491	67.10
	连云港市	452	283	62.60
	淮安市	493	308	62.44
	盐城市	720	461	64.03
	扬州市	453	304	67.13
	镇江市	320	228	71.24
	泰州市	464	306	66.00
	宿迁市	493	296	60.00

续表

省（直辖市）	地级市（自治州）	常住总人口（万人）	城镇常住人口（万人）	城镇化率（%）
浙江省	杭州市	981	759	77.40
	宁波市	820	598	72.90
	温州市	925	648	70.00
	嘉兴市	473	312	66.00
	湖州市	303	192	63.50
	绍兴市	504	335	66.60
	金华市	560	379	67.70
	衢州市	221	128	58.00
	舟山市	117	80	68.10
	台州市	614	387	63.00
	丽水市	220	135	61.50
安徽省	合肥市	809	606	74.97
	淮北市	225	147	65.11
	亳州市	524	215	41.01
	宿州市	568	243	42.74
	蚌埠市	339	194	57.22
	阜阳市	821	355	43.29
	淮南市	349	224	64.11
	滁州市	411	220	53.42
	六安市	484	223	46.08
	马鞍山市	234	160	68.25
	芜湖市	375	246	65.54
	宣城市	265	146	55.21
	铜陵市	163	91	55.99
	池州市	147	80	54.10
	安庆市	469	231	49.22
	黄山市	141	72	51.46
江西省	南昌市	555	412	74.23
	景德镇市	167	112	66.94
	萍乡市	193	134	69.07
	九江市	490	271	55.27
	新余市	119	83	70.03
	鹰潭市	118	71	60.68
	赣州市	868	436	50.29
	吉安市	496	253	50.95

续表

省（直辖市）	地级市（自治州）	常住总人口（万人）	城镇常住人口（万人）	城镇化率（%）
江西省	宜春市	557	277	49.68
	抚州市	405	202	49.81
	上饶市	681	354	51.97
湖北省	武汉市	1 108	890	80.29
	黄石市	247	156	63.29
	十堰市	341	190	55.91
	宜昌市	414	248	59.86
	襄阳市	567	345	60.80
	鄂州市	108	71	65.91
	荆门市	290	172	59.21
	孝感市	492	283	57.57
	荆州市	559	312	55.81
	黄冈市	633	299	47.22
	咸宁市	254	137	53.70
	随州市	222	116	52.12
	恩施土家族苗族自治州	338	152	44.86
湖南省	长沙市	815	645	79.12
	株洲市	402	270	67.15
	湘潭市	286	180	62.88
	衡阳市	724	388	53.61
	邵阳市	737	350	47.49
	岳阳市	580	336	58.00
	常德市	583	310	53.14
	张家界市	154	76	49.20
	益阳市	441	228	51.63
	郴州市	474	260	54.88
	永州市	545	271	49.69
	怀化市	498	238	47.75
	娄底市	393	189	48.11
	湘西土家族苗族自治州	265	123	46.54
重庆市	—	3 102	2 032	65.50
四川省	成都市	1 633	1 194	73.12
	自贡市	292	154	52.61
	攀枝花市	124	82	66.59

续表

省（直辖市）	地级市（自治州）	常住总人口（万人）	城镇常住人口（万人）	城镇化率（%）
四川省	泸州市	432	218	50.46
	德阳市	355	186	52.35
	绵阳市	486	255	52.53
	广元市	267	122	45.63
	遂宁市	320	160	50.02
	内江市	370	182	49.10
	乐山市	327	169	51.83
	南充市	644	310	48.14
	眉山市	298	138	46.32
	宜宾市	456	226	49.64
	广安市	324	136	41.86
	达州市	572	260	45.52
	雅安市	154	72	46.85
	巴中市	332	139	41.85
	资阳市	251	107	42.71
	阿坝藏族羌族自治州	94	38	40.00
	甘孜藏族自治州	120	38	31.66
	凉山彝族自治州	491	175	35.71
云南省	昆明市	685	499	72.85
	曲靖市	616	298	48.45
	玉溪市	239	124	51.88
	保山市	263	97	36.86
	昭通市	559	193	34.55
	丽江市	130	52	40.44
	普洱市	264	115	43.44
	临沧市	254	106	41.92
	楚雄彝族自治州	275	125	45.33
	红河哈尼族彝族自治州	474	227	47.91
	文山壮族苗族自治州	365	153	41.97
	西双版纳傣族自治州	119	57	48.02
	大理白族自治州	360	168	46.80
	德宏傣族景颇族自治州	132	61	46.33
	怒江傈僳族自治州	55	18	32.90
	迪庆藏族自治州	41	15	35.75

续表

省（直辖市）	地级市（自治州）	常住总人口（万人）	城镇常住人口（万人）	城镇化率（%）
贵州省	贵阳市	488	368	75.43
	六盘水市	294	157	53.47
	遵义市	627	343	54.63
	安顺市	235	122	52.00
	毕节市	669	284	42.50
	铜仁市	317	156	49.34
	黔西南布依族苗族自治州	287	132	46.00
	黔东南苗族侗族自治州	354	168	47.40
	黔南布依族苗族自治州	329	171	52.05
长江经济带		59 532	35 590	59.78
全国		139 538	83 137	59.58

注：城镇化率=城镇人口数量/常住人口总数

表 3-8　城市化发展阶段划分标准

城市化发展阶段	城市化水平	特征	出现的国家和地区
城市化初期	25%~30%，较低	城市化水平较低，发展较慢	
城市化中期	30%~70%，较高	人口和产业向城市迅速聚集，城市化推进很快	发展中国家
城市化后期	70%以上，高	城市化水平比较高，城市人口比重的增长趋缓甚至停滞	发达国家

　　长江经济带 11 个省（直辖市）中，上海市处于城市化后期阶段；江苏省、浙江省、湖北省、湖南省、重庆市、湖北省、湖南省、重庆市、安徽省、江西省 10 个省（直辖市）处于城市化中期阶段。长江经济带 124 个地级市（自治州）中，处于城市化中期阶段的城市有 109 个，约占所有城市的 87.90%；城市化后期阶段的城市有 15 个，约占所有城市的 12.10%。

　　从区域上看，长江经济带下游地区常住总人口为 22 538 万人，其中城镇常住人口 15 148 万人，城镇化率为 67.21%，高于全国平均水平（59.58%），整体上处于城市化中期阶段；中游地区常住总人口为 17 119 万人，其中城镇常住人口 9 840 万人，城镇化率为 57.48%，低于全国平均水平（59.58%），整体上处于城市化中期阶段。上游地区常住总人口为 19 875 万人，其中城镇常住人口 10 602 万人，城镇化率为 53.34%，低于全国平均水平（59.58%），整体上处于城市化中期阶段。

3.1.5　城乡居民收入比

　　随着经济由低级阶段向高级阶段发展，收入分配的不平等程度呈现出规律性的趋势：工业化起步时很小，在工业化初期呈持续扩大之势；在工业化中期保持相对稳定；在工业化后期尤其是成熟的工业化阶段,城乡居民收入差距呈缩小的趋势;工业化结束时一般可实现初步的城乡一体化。根据库兹涅茨估计,倒 U 形曲线从上升到下降,要经历 60～100 年。

长江经济带城乡居民收入差距空间分异显著。2018 年长江经济带城乡居民收入比为2.19,低于全国平均水平(3.00),上游城乡居民收入比高达 2.89,中游和下游城乡居民收入比分别为 2.12 和 2.01。11 个省(直辖市)中,城乡居民收入比从低到高依次为浙江省(2.04)、上海市(2.24)、江苏省(2.26)、江西省(2.34)、湖北省(2.34)、安徽省(2.46)、四川省(2.49)、湖南省(2.60)、重庆市(2.79)、云南省(3.11)、贵州省(3.25),除云南省和贵州省高于全国平均水平外其余均低于全国平均水平(表3-9)。

表 3-9 长江经济带 2018 年城乡居民收入比

省(直辖市)	地级市(自治州)	城镇居民人均可支配收入(元)	农村居民人均可支配收入(元)	城乡居民收入比
上海市	—	68 034	30 375	2.24
江苏省	南京市	59 308	25 263	2.35
	无锡市	56 989	30 787	1.85
	徐州市	33 586	18 206	1.84
	常州市	54 000	28 014	1.93
	苏州市	63 481	32 420	1.96
	南通市	46 321	22 369	2.07
	连云港市	32 749	16 607	1.97
	淮安市	35 828	17 058	2.10
	盐城市	35 896	20 357	1.76
	扬州市	41 999	21 457	1.96
	镇江市	48 903	24 687	1.98
	泰州市	43 452	21 219	2.05
	宿迁市	28 281	16 639	1.70
浙江省	杭州市	61 172	33 193	1.84
	宁波市	60 134	33 633	1.79
	温州市	56 097	27 478	2.04
	嘉兴市	57 437	34 279	1.68
	湖州市	54 393	31 767	1.71
	绍兴市	59 049	33 097	1.78
	金华市	54 883	26 218	2.09
	衢州市	43 126	22 255	1.94
	舟山市	56 622	33 812	1.67
	台州市	55 705	27 631	2.02
	丽水市	42 557	19 922	2.14

省（直辖市）	地级市（自治州）	城镇居民人均可支配收入（元）	农村居民人均可支配收入（元）	城乡居民收入比
安徽省	合肥市	41 484	20 389	2.03
	淮北市	19 101	12 745	1.50
	亳州市	29 711	12 756	2.33
	宿州市	30 100	11 941	2.52
	蚌埠市	33 855	15 114	2.24
	阜阳市	30 113	11 830	2.55
	淮南市	32 852	12 926	2.54
	滁州市	31 230	13 127	2.38
	六安市	29 070	11 959	2.43
	马鞍山市	45 108	21 267	2.12
	芜湖市	38 397	20 649	1.86
	宣城市	36 554	16 013	2.28
	铜陵市	35 995	14 335	2.51
	池州市	30 884	14 709	2.10
	安庆市	31 187	12 990	2.40
	黄山市	33 551	15 391	2.18
江西省	南昌市	40 844	17 866	2.29
	景德镇市	37 183	16 510	2.25
	萍乡市	35 763	18 012	1.99
	九江市	35 265	14 482	2.44
	新余市	37 592	17 993	2.09
	鹰潭市	34 263	16 145	2.12
	赣州市	32 163	10 782	2.98
	吉安市	34 692	13 820	2.51
	宜春市	32 248	14 975	2.15
	抚州市	31 976	14 767	2.17
	上饶市	34 656	13 346	2.60
湖北省	武汉市	47 359	22 652	2.09
	黄石市	35 327	15 125	2.34
	十堰市	19 514	10 295	1.90
	宜昌市	35 011	16 514	2.12
	襄阳市	33 947	17 305	1.96
	鄂州市	31 742	17 609	1.80
	荆门市	33 779	18 776	1.80

续表

省（直辖市）	地级市（自治州）	城镇居民人均可支配收入（元）	农村居民人均可支配收入（元）	城乡居民收入比
湖北省	孝感市	32 685	15 988	2.04
	荆州市	32 590	17 300	1.88
	黄冈市	28 978	13 238	2.19
	咸宁市	30 337	15 116	2.01
	随州市	29 237	16 538	1.77
	恩施土家族苗族自治州	28 918	10 524	2.75
湖南省	长沙市	50 792	29 714	1.71
	株洲市	42 867	19 889	2.16
	湘潭市	36 866	19 408	1.90
	衡阳市	33 741	18 250	1.85
	邵阳市	27 167	11 857	2.29
	岳阳市	32 425	15 513	2.09
	常德市	24 766	15 095	1.64
	张家界市	24 825	9 562	2.60
	益阳市	29 123	15 853	1.84
	郴州市	32 406	15 018	2.16
	永州市	28 470	13 924	2.04
	怀化市	26 703	9 811	2.72
	娄底市	27 916	11 657	2.39
	湘西土家族苗族自治州	24 728	9183	2.69
重庆市	—	21 003	7 526	2.79
四川省	成都市	42 128	22 135	1.90
	自贡市	33 597	15 692	2.14
	攀枝花市	38 510	16 708	2.30
	泸州市	34 141	14 983	2.28
	德阳市	34 216	16 583	2.06
	绵阳市	34 411	16 101	2.14
	广元市	30 592	11 854	2.58
	遂宁市	31 830	14 844	2.14
	内江市	32 982	14 908	2.21
	乐山市	33 663	15 173	2.22
	南充市	30 810	13 583	2.27
	眉山市	33 697	16 563	2.03
	宜宾市	33 465	15 391	2.17

续表

省（直辖市）	地级市（自治州）	城镇居民人均可支配收入（元）	农村居民人均可支配收入（元）	城乡居民收入比
四川省	广安市	33 079	14 931	2.22
	达州市	30 882	14 055	2.20
	雅安市	32 198	13 242	2.43
	巴中市	30 816	12 002	2.57
	资阳市	33 336	16 007	2.08
	阿坝藏族羌族自治州	32 686	12 893	2.54
	甘孜藏族自治州	31 972	11 555	2.77
	凉山彝族自治州	30 421	12 548	2.42
云南省	昆明市	42 988	14 895	2.89
	曲靖市	34 423	12 394	2.78
	玉溪市	39 068	14 264	2.74
	保山市	32 636	11 280	2.89
	昭通市	27 632	9 474	2.92
	丽江市	32 903	10 385	3.17
	普洱市	29 088	10 386	2.80
	临沧市	27 161	10 756	2.53
	楚雄彝族自治州	34 154	10 988	3.11
	红河哈尼族彝族自治州	33 396	11 330	2.95
	文山壮族苗族自治州	30 242	10 030	3.02
	西双版纳傣族自治州	29 323	13 079	2.24
	大理白族自治州	34 298	11 490	2.99
	德宏傣族景颇族自治州	29 093	10 325	2.82
	怒江傈僳族自治州	24 558	6 449	3.81
	迪庆藏族自治州	34 411	8 524	4.04
贵州省	贵阳市	35 115	15 648	2.24
	六盘水市	30 375	9 967	3.05
	遵义市	32 312	12 265	2.63
	安顺市	29 674	9 861	3.01
	毕节市	29 888	9 354	3.20
	铜仁市	29 422	9 267	3.17
	黔西南布依族苗族自治州	30 407	9 485	3.21
	黔东南苗族侗族自治州	30 130	9 227	3.27
	黔南布依族苗族自治州	31 136	10 721	2.90
长江经济带		35 866	16 392	2.19
全国		39 251	13 066	3.00

注：城乡居民收入比=城镇居民人均可支配收入/农村居民人均可支配收入

3.1.6 农村居民人均可支配收入

2018 年长江经济带农村居民人均可支配收入为 16 392 元，按照 2018 年全国农村居民五等份分组的标准①，位于中等收入水平，高于同期全国的平均水平。但在所有的地级及以上城市中，有 72.31% 的城市位于中等及以下水平，位于高收入水平的城市仅有 1 个，占比为 0.77%，处于中等偏上收入水平的城市有 35 个，占比为 26.92%，此外，还有 1 个城市处于低收入水平。

从各个区域上来看，长江经济带农村居民人均可支配收入空间分异显著，从上游到下游呈阶梯式递增，上游为 12 710 元，中游为 15 549 元，下游约为上游的 2 倍，达 21 631 元。在长江经济带涵盖的 11 个省（市）中，上海市的农村居民人均可支配收入最高，为 30 372 元，贵州省的农村居民人均可支配收入最低，为 10 644 元。在长江经济带所有地级市之间农村居民人均可支配收入也同样存在很大差异，农村居民人均可支配收入最高的地级市为下游浙江省的嘉兴市，为 34 279 元，最低的为云南省的怒江傈僳族自治州，为 6449 元，两者相差约 4.3 倍。

上游地区农村居民人均可支配收入为 12 710 元，处于中等水平。在上游的 4 个省（市）中，四川省的农村居民人均可支配收入最高，为 14 845 元；贵州省最低，为 10 644 元。在上游地区所有地级及以上城市中，成都市的农村居民人均可支配收入最高，为 22 135 元，达到中等偏上收入水平；怒江傈僳族自治州的农村居民人均可支配收入处于最低水平，为 6449 元。上游地区的 97.87% 地级及以上城市的农村居民人均可支配收入处于中等及以下水平，其中，有超过 50% 的城市农村居民人均可支配收入处于中等以下水平（图 3-1）。

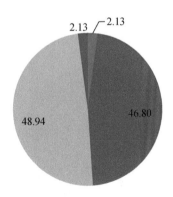

2.13   2.13

48.94   46.80

■中等偏上   ■中等收入   ■中等偏下   ■低收入

图 3-1   长江经济带上游地区农村居民人均可支配收入水平城市占比（单位:%）

中游地区农村居民人均可支配收入为 15 549 元，处于中等水平。3 个省的农村居民人

①   来源于《中国统计年鉴 2019》。

均可支配收入水平呈持平态势，相差不大，其中湖北省为 15 861 元，湖南省为 15 338 元，江西省为 15 336 元。在中游地区所有地级及以上城市中，长沙市的农村居民人均可支配收入最高，为 29 714 元，处于中等偏上的水平；湘西土家族苗族自治州最低，为 9183 元，处于中等偏下水平。在中游地区，有 78.57% 的城市农村居民人均可支配收入处于中等以上水平，有 21.43% 的城市处于中等偏下的水平（图 3-2）。

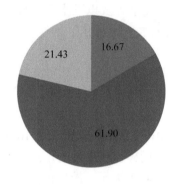

■中等偏上　■中等收入　■中等偏下

图 3-2　长江经济带中游地区农村居民人均可支配收入水平城市占比（单位:%）

下游地区农村居民人均可支配收入为 21 631 元，处于中等偏上水平。在 4 个省（市）中，农村居民人均可支配收入水平最高的为上海市，为 30 372 元，为中等偏上水平；安徽省最低，为 14 884 元，处于中等收入水平。在下游地区所有地级及以上城市中，嘉兴市的农村居民人均可支配收入最高，处于高收入水平，为 34 279 元；阜阳市最低，为 11 830 元，处于中等偏下水平。在下游地区，有 92.68% 的城市农村居民人均可支配收入处于中等及以上水平，其中有 1 个城市处于高收入水平，仅有 3 个城市处于中等偏下水平，下游地区农村居民人均可支配收入整体水平较高，但内部差距较大（图 3-3）。

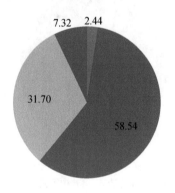

■高收入　■中等偏上　■中等收入　■中等偏下

图 3-3　长江经济带下游地区农村居民人均可支配收入水平城市占比（单位:%）

3.2　重点生态功能区基本概况与社会经济发展水平

3.2.1　重点生态功能区社会经济概况

我国重点生态功能区有 676 个，面积约 508 万平方千米，约占我国国土面积的 53%。长江经济带共有重点生态功能区 255 个，约占我国重点生态功能区的 38%，面积达 84.60 万平方千米。其中浙江省有 11 个，面积为 2.25 万平方千米；安徽省有 15 个，面积为 2.77 万平方千米；江西省有 26 个，面积为 5.22 万平方千米；湖北省有 30 个，面积为 8.26 万平方千米；湖南省有 43 个，面积为 9.52 万平方千米；重庆市有 10 个，面积为 3.55 万平方千米；四川省有 56 个，面积为 32.10 万平方千米；云南省有 39 个，面积为 14.87 万平方千米；贵州省有 25 个，面积为 6.06 万平方千米。

从区域上看，上游地区共有 130 个重点生态功能区，面积为 56.58 万平方千米，占比约为 68.88%；中游地区有 99 个，面积为 23.00 万平方千米，占比约为 27.19%；下游地区有 26 个，面积为 5.02 万平方千米，占比约为 5.93%。从下游至上游生态环境质量呈递增趋势，上游地区重点生态功能区数是下游重点生态功能区数的 5 倍（表 3-10）。

表 3-10　长江经济带 2018 年重点生态功能区情况

地区	个数（个）	面积（万平方千米）	面积占长江经济带比例（%）
浙江省	11	2.25	2.66
安徽省	15	2.77	3.28
江西省	26	5.22	6.17
湖北省	30	8.26	9.77
湖南省	43	9.52	11.26
重庆市	10	3.55	4.19
四川省	56	32.10	37.95
云南省	39	14.87	17.58
贵州省	25	6.06	7.16
下游地区	26	5.02	5.93
中游地区	99	23.00	27.19
上游地区	130	56.58	66.88

2018 年长江经济带重点生态功能区共有 7754.97 万人口，约占长江经济带总人口的 12.95%，其中浙江省 234.44 万人、安徽省 426.30 万人、江西省 802.25 万人、湖北省 1333.03 万人、湖南省 1723.67 万人、重庆市 492.66 万人、四川省 903.05 万人、云南省 1073.53 万人、贵州省 766.04 万人。从区域上看，中游地区 3858.95 万人，占比约为 49.76%；上游地区 3235.29 万人，占比约为 41.72%；下游地区 660.74 万人，占比约

为 8.52%。

2018 年长江经济带重点生态功能区 GDP 为 2.33 万亿元，约占长江经济带 GDP 的 5.69%，人均 GDP 约 30 065 元（约 4543 美元），远低于我国和长江经济带人均 GDP 水平，按照世界银行的最新收入划分标准，整体上处于中等偏上收入水平（3995～12 055 美元），处在工业化初期。255 个重点生态功能区中，低收入水平 1 个，占比约为 0.39%；中等偏下收入水平 110 个，占比约为 43.14%；中等偏上收入水平 141 个，占比约为 55.29%；高收入水平 3 个，占比约为 1.18%。从区域上看，中游地区 GDP 为 11 969.77 亿元，占比约为 51.34%；上游地区 GDP 为 8588.87 亿元，占比约为 36.84%，下游地区 GDP 为 2756.66 亿元，占比约为 11.82%。人均 GDP 上游地区最低，为 26 547 元；中游地区次之，为 31 018 元；下游地区最高，为 41 721 元，三个地区的重点生态功能区均处于中等偏上收入水平，属于工业化初期阶段（表 3-11）。

表 3-11 长江经济带重点生态功能区 2018 年 GDP 情况

地区	GDP（亿元）	人均 GDP（元）
浙江省	1 263.52	53 895.24
安徽省	1 493.14	35 025.57
江西省	2 502.79	31 197.31
湖北省	4 309.98	32 332.24
湖南省	5 157.00	29 918.70
重庆市	1 749.18	35 504.82
四川省	2 052.32	22 726.44
云南省	2 611.96	24 330.49
贵州省	2 175.41	28 398.13
下游地区	2 756.66	41 720.80
中游地区	11 969.77	31 018.24
上游地区	8 588.87	26 547.47
总计	23 315.30	30 064.97

2018 年长江经济带重点生态功能区第一产业增加值为 4054.58 亿元，约占 GDP 的比例为 17.39%，高于长江经济带平均水平（6.70%）和全国平均水平（7.20%）；第二产业增加值为 8651.18 亿元，约占 GDP 的比例为 37.11%，低于长江经济带平均水平（42.86%）和全国平均水平（40.70%）；第三产业增加值为 10 609.55 亿元，约占 GDP 的比例为 45.50%，低于长江经济带平均水平（50.44%）和全国平均水平（52.10%）。

从区域上看，长江经济带重点生态功能区下游地区第一产业增加值为 328.00 亿元，约占 GDP 的比例为 11.90%；第二产业增加值为 1095.19 亿元，约占 GDP 的比例为 39.73%；第三产业增加值为 1333.47 亿元，约占 GDP 的比例为 48.37%。中游地区第一产业增加值为 1903.16 亿元，约占 GDP 的比例为 15.90%；第二产业增加值为 4520.81 亿元，约占 GDP 的比例为 37.77%；第三产业增加值为 5545.81 亿元，约占 GDP 的比例为

46.33%。上游地区第一产业增加值为1823.42亿元，约占GDP的比例为21.23%；第二产业增加值为3035.18亿元，约占GDP的比例为35.34%；第三产业增加值为3730.27亿元，约占GDP的比例为43.43%（表3-12）。

表3-12　长江经济带重点生态功能区2018年产业结构情况　（单位：亿元）

地区	第一产业	第二产业	第三产业
浙江省	128.77	437.27	697.48
安徽省	199.23	657.92	635.99
江西省	348.58	1031.68	1122.54
湖北省	827.16	1747.23	1735.60
湖南省	727.42	1741.90	2687.68
重庆市	273.07	672.28	803.83
四川省	412.57	885.05	754.70
云南省	549.70	943.90	1 118.36
贵州省	588.08	533.96	1 053.38
下游地区	328.00	1 095.19	1 333.47
中游地区	1 903.16	4 520.81	5 545.81
上游地区	1 823.42	3 035.18	3 730.27
总计	4 054.58	8 651.18	10 609.55

3.2.2　重点生态功能区城乡差距和农村居民可支配收入

2018年长江经济带重点生态功能区城乡居民收入比为2.55，高于长江经济带平均水平（2.42）。长江经济带重点生态功能区中，城乡居民收入比从低到高依次为浙江省（2.13）、安徽省（2.18）、江西省（2.35）、湖南省（2.37）、湖北省（2.43）、四川省（2.61）、重庆市（2.68）、云南省（3.00）、贵州省（3.13）。从区域上看，下游地区城乡居民收入比为2.15，中游地区为2.38，上游地区为2.85。按照我国城镇居民人均可支配收入五等份分组，长江经济带重点生态功能区中有35个处于低收入水平，有202个处于中间偏下收入水平，有18个处于中间收入水平，无中间偏上收入和高收入。按照我国农村居民人均可支配收入五等份分组，长江经济带重点生态功能区中有16个处于低收入水平，有176个处于中间偏下收入水平，有51个处于中间收入水平，有12个处于中间偏上收入水平，无高收入。重点生态功能区城乡居民收入比高于长江经济带平均水平，城乡发展不协调问题更加突出。

2018年长江经济带重点生态功能区农村居民人均可支配收入为11 327元，按照2018年全国农村居民人均可支配收入五等份分组的标准，位于中等偏下收入水平，与长江经济带农村居民人均可支配收入平均水平相比，相差5114元，差距较大。在所有重点生态功能区中，176个重点生态功能区位于中等偏下收入水平，占比达69.29%；52个位于中等收入水平，占比达 20.47%；16 个位于低收入水平；仅有 3.94% 的重点生态功能区为中等偏上收入水平；无高收入水平。在所有的重点生态功能区中，农村居民人均可支配收入水平在中等及以下的占比高达 96%，农村居民收入水平较低。

在所有涵盖重点生态功能区的地区中，浙江省重点生态功能区农村居民人均可支配收入水平最高，为 18 447 元，为中等偏上水平；贵州省重点生态功能区农村居民人均可支配收入水平最低，为 9268 元，属于中等偏下水平。从各个重点生态功能区县域来看，抚州市南丰县的农村居民人均可支配收入最高，为 21 774 元，属于中等偏上收入水平；怒江傈僳族自治州福贡县的农村居民人均可支配收入最低，为 6240 元，处于低收入水平，与最高水平相比，两者相差 3 倍多。由此看出，各个重点生态功能区县域之间农村居民人均可支配收入水平差距较大。

从区域上来看，长江经济带重点生态功能区农村居民人均可支配收入呈现由上游到下游递增的趋势。上游地区重点生态功能区农村居民人均可支配收入为 10 551 元，处于中等偏下水平。其中，处于低收入的区县有 10 个，占比达 7.7%；处于中等偏下收入的区县有 100 个，占比约为 76.92%；处于中等收入水平的区县有 20 个，占比约为 15.38%。

中游地区重点生态功能区农村居民人均可支配收入为 11 227 元，处于中等偏下水平。其中，处于中等偏上收入水平的区县有 4 个，占比约为 4.1%；处于中等收入水平的区县有 17 个，占比约为 17.35%；处于中等偏下收入水平的区县有 71 个，占比约为 72.45%；处于低收入水平的区县有 6 个，占比约为 6.12%。

下游地区重点生态功能区农村居民人均可支配收入为 15 615 元，处于中等收入水平。26 个区县中，处于中等偏上收入水平的区县有 6 个；处于中等收入水平的区县有 15 个；处于中等偏下收入水平的区县有 5 个。

3.3 长三角地区基本概况与社会经济发展水平

长三角地区包括上海市、江苏省和浙江省，总面积约 22 万平方千米，约占长江经济带总面积的 11%，均位于长江经济带下游地区。2018 年长三角地区人口共计 1.62 亿人，约占长江经济带总人口的 27%。2018 年 GDP 为 18 万亿元，约占长江经济带 GDP 的 45%。该地区工业基础雄厚、商品经济发达、水陆交通方便，是我国对外开放的最大地区、全国最大的外贸出口基地、全球六大都市圈之一。

2018 年长三角地区人均 GDP 为 116 264 元（约 17 569 美元），远高于我国和长江经济带的人均 GDP 水平。基于钱纳里经济发展阶段划分标准，整体处在后工业化阶段，与发达国家相比，相当于英国、芬兰 20 世纪 70 年代的经济水平，相当于美国、丹麦、日本 20 世纪 60 年代的经济水平。上海市、江苏省和浙江省人均 GDP 分别为 134 982 元、115 168 元和 98 643 元，均处在后工业化阶段。长三角地区 24 个地级市中，处于高收入水平的城市有 14 个，约占长三角地区地级市的 58.33%；中等偏上收入水平的城市有 10 个，约占 41.67%；无中等偏下收入水平的城市。处于工业化后期的城市有 11 个，约占长三角地区地级市的 45.83%；处于后工业化阶段的城市有 9 个，约占 37.50%；处于现代化阶段的城市有 4 个，约占 16.67%。

2018 年长三角地区第一产业增加值为 6213 亿元，约占 GDP 的比例为 3.42%，低于全国平均水平和长江经济带平均水平；第二产业增加值 74 487 亿元，约占 GDP 的比例为 42.05%，低于全国平均水平和长江经济带平均水平；第三产业增加值 100 772 亿元，约占 GDP 的比例为 55.53%，高于全国平均水平和长江经济带平均水平。基于产业结构的经济发展阶段划分标准，整体上已进入后工业化阶段。上海市产业结构比例为 0.32：29.78：69.90，江苏省产业结构比例为 4.47：44.55：50.98，浙江省产业结构比例为 3.50：41.83：54.67，均处于后工业化阶段。长三角地区 24 个地级市中，处于工业化中期的城市有 4 个，处于工业化后期的城市有 6 个，处于后工业化阶段的城市有 14 个。

2018 年长三角地区城镇常住人口 1.17 亿人，农村常住人口 0.24 亿人，常住人口城镇化率为 83.21%，远高于全国平均水平和长江经济带平均水平。基于城市化发展阶段划分标准，整体上处于城市化后期阶段。上海市、江苏省和浙江省城镇化率分别为 88.12%、69.61% 和 68.90%，上海市处于城市化后期阶段，江苏省和浙江省处于城市化中期阶段。长三角地区 24 个地级市中，处于城市化中期阶段的城市有 17 个，处于城市化后期阶段的城市有 7 个。

2018 年长三角地区城乡居民收入比为 2.17，低于全国平均水平和长江经济带平均水平，上海市、江苏省和浙江省城乡居民收入比分别为 2.24、2.26 和 2.04。长三角地区 24 个地级市中，城乡居民收入比最高的为江苏省南京市（2.35），最低的为浙江省舟山市（1.67），前者约为后者的 1.4 倍。

4 长江经济带生态资源资产核算

4.1 长江经济带生态资源状况分析

4.1.1 长江经济带生态资源状况[①]

4.1.1.1 土地资源

长江经济带土地利用类型以林地、耕地、草地为主，三种土地利用类型占比达91.89%。其中，上游以草地、林地为主，中游以林地为主，下游以湖泊湿地为主。

长江经济带下游地区、中游地区和上游地区耕地面积分别为 167 363.34 平方千米、170 410.16平方千米和 271 617.97 平方千米，分别约占长江经济带的 27.47%、27.96% 和44.57%；下游地区、中游地区和上游地区林地面积分别为 99 902.76 平方千米、326 426.98平方千米和515 443.89平方千米，分别约占长江经济带的 10.61%、34.66% 和 54.73%；下游地区、中游地区和上游地区草地面积分别为 11 582.65 平方千米、21 113.28 平方千米和295 510.30平方千米，分别约占长江经济带的 3.53%、6.43% 和90.04%；下游地区、中游地区和上游地区水域面积分别为 26 141.70 平方千米、26 054.55平方千米和10 811.32平方千米，分别约占长江经济带的 41.49%、41.35% 和17.16%；下游地区、中游地区和上游地区城乡/工矿/居民用地面积分别为 47 731.55 平方千米、18 736.97 平方千米和14 883.42平方千米，分别约占长江经济带的 58.67%、23.03% 和18.30%；下游地区、中游地区和上游地区未利用土地面积分别为 337.38 平方千米、1938.90 平方千米和19 289.75平方千米，分别约占长江经济带的 1.56%、8.99%和 89.45%（表4-1）。

表4-1　长江经济带 2018 年土地利用类型　　　　　　（单位：平方千米）

地区		耕地	林地	草地	水域	城乡/工矿/居民用地	未利用土地
下游地区	上海市	3 368.55	86.22	100.13	1 356.02	2 865.50	168.55
	江苏省	62 635.43	3 053.36	819.62	14 184.01	21 060.98	103.04
	浙江省	24 252.28	64 682.59	2 364.45	3 124.83	8 671.89	39.78

---

① 土地资源数据来自长江经济带土地利用数据，生态保护红线数据来自各省政府网站公布数据，其他数据来自国家统计局《中国统计年鉴2019》。

地区		耕地	林地	草地	水域	城乡/工矿/居民用地	未利用土地
下游地区	安徽省	77 107.08	32 080.59	8 298.45	7 476.84	15 133.18	26.01
	下游地区小计	167 363.34	99 902.76	11 582.65	26 141.70	47 731.55	337.38
中游地区	江西省	44 163.57	102 460.60	7 186.17	7 138.16	5 449.90	540.67
	湖南省	59 164.50	131 716.56	6 933.65	7 253.14	5 775.28	1 011.36
	湖北省	67 082.09	92 249.82	6 993.46	11 663.25	7 511.79	386.87
	中游地区小计	170 410.16	326 426.98	21 113.28	26 054.55	18 736.97	1 938.90
上游地区	重庆市	37 622.55	33 766.51	7 637.09	1 210.92	2 132.44	10.28
	云南省	67 661.15	219 627.67	85 934.89	3 802.53	4 475.16	1 568.27
	四川省	117 901.58	168 944.68	170 622.47	4 752.57	6 116.45	17 680.68
	贵州省	48 432.69	93 105.03	31 315.82	1 045.30	2 159.37	30.52
	上游地区小计	271 617.97	515 443.89	295 510.30	10 811.31	14 883.42	19 289.75
长江经济带		609 391.47	941 773.63	328 206.23	63 007.57	81 351.94	21 566.03
全国		1 780 896.50	2 266 174.20	2 709 327.22	293 177.19	266 247.35	2 189 596.10

4.1.1.2 森林资源

长江经济带林业用地面积 10 911.48 万公顷，约占全国林业用地总面积的 33.48%，其中下游地区、中游地区和上游地区分别为 1294.27 万公顷、3213.58 万公顷和 6403.63 万公顷，分别约占长江经济带的 11.86%、29.45% 和 58.69%。森林覆盖率达到 44.38%，远远高于全国的平均水平（22.96%），其中下游地区、中游地区和上游地区分别为 33.41%、49.76% 和 45.09%，均高于全国的平均水平。活立木总蓄积量 690 412.58 万立方米，约占全国的 36.32%，其中下游地区、中游地区和上游地区分别为 67 803.90 万立方米、143 285.14 万立方米和 479 323.54 万立方米，分别约占长江经济带的 9.82%、20.75% 和 69.43%。森林蓄积量 628 910.68 万立方米，约占全国的 35.81%，其中下游地区、中游地区和上游地区分别为 57 795.29 万立方米、127 889.47 万立方米和 443 225.88 万立方米，分别约占长江经济带的 9.19%、20.33% 和 70.48%（表 4-2）。

表4-2　长江经济带 2018 年森林资源情况

地区		林业用地面积（万公顷）	森林面积（万公顷）	森林覆盖率（%）	活立木总蓄积量（万立方米）	森林蓄积量（万立方米）
下游地区	上海市	10.19	8.9	14.04	664.32	449.59
	江苏省	174.98	155.99	15.2	9 609.62	7 044.48
	浙江省	659.77	604.99	59.43	31 384.86	28 114.67
	安徽省	449.33	395.85	28.65	26 145.1	22 186.55
	下游地区小计	1 294.27	1 165.73	33.41	67 803.90	57 795.29
中游地区	江西省	1 079.9	1 021.02	61.16	57 564.29	50 665.83
	湖南省	1 257.59	1 052.58	49.69	46 141.03	40 715.73
	湖北省	876.09	736.27	39.61	39 579.82	36 507.91
	中游地区小计	3 213.58	2 809.87	49.76	143 285.14	127 889.47
上游地区	重庆市	421.71	354.97	43.11	24 412.17	20 678.18
	云南省	2 599.44	2 106.16	55.04	213 245	197 265.8
	四川省	2 454.52	1 839.77	38.03	197 201.8	186 099
	贵州省	927.96	771.03	43.77	44 464.57	39 182.9
	上游地区小计	6 403.63	5 071.93	45.09	479 323.54	443 225.88
长江经济带		10 911.48	9 047.53	44.38	690 412.58	628 910.68
全国		32 591.12	22 044.62	22.96	190 0713	1756 023

4.1.1.3　湿地资源

长江经济带湿地面积11542.30万公顷，约占全国湿地总面积的31.98%，高于全国平均水平（5.63%）。其中自然湿地8500.50万公顷，人工湿地3041.80万公顷。下游地区湿地面积5439.30万公顷，约占长江经济带湿地总面积的47.12%，占长江经济带总面积的15.53%，其中自然湿地3914.70万公顷，人工湿地1524.60万公顷。中游地区湿地面积3374.80万公顷，约占长江经济带湿地总面积的29.24%，占长江经济带总面积的5.97%，其中自然湿地2288.40万公顷，人工湿地1086.40万公顷。上游地区湿地面积2728.20万公顷，约占长江经济带湿地总面积的23.64%，占长江经济带总面积的2.40%，其中自然湿地2297.40万公顷，人工湿地430.80万公顷（表4-3）。

表4-3　长江经济带 2018 年湿地资源情况

地区		湿地面积（万公顷）							湿地面积占辖区面积比例（%）
		总计	自然湿地					人工湿地	
			小计	近海与海岸	河流	湖泊	沼泽		
下游地区	上海市	46.460	40.900	38.660	0.730	0.580	0.930	5.560	73.27
	江苏省	282.280	194.880	108.750	29.660	53.670	2.800	87.400	27.51

续表

地区		湿地面积（万公顷）							湿地面积占辖区面积比例（%）
		总计	自然湿地					人工湿地	
			小计	近海与海岸	河流	湖泊	沼泽		
下游地区	浙江省	1 110.10	843.30	692.50	141.20	8.90	0.70	266.80	10.91
	安徽省	1 041.80	713.60	—	309.60	361.10	42.90	328.20	7.46
	下游地区小计	5 439.30	3 914.70	2 166.60	754.70	912.50	80.90	1 524.60	15.53
中游地区	江西省	910.10	710.70	—	310.80	374.10	25.80	199.40	5.45
	湖南省	1 019.70	813.50	—	398.40	385.80	29.30	206.20	4.81
	湖北省	1 445.00	764.20	—	450.40	276.90	36.90	680.80	7.77
	中游地区小计	3 374.80	2 288.40	—	1 159.60	1 036.80	92.00	1 086.40	5.97
上游地区	重庆市	207.20	87.70		87.30	0.30	0.10	119.50	2.51
	云南省	563.50	392.50	—	241.80	118.50	32.20	171.00	1.43
	四川省	1 747.80	1 665.60	—	452.30	37.40	175.90	82.20	3.61
	贵州省	209.70	151.60	—	138.10	2.50	11.00	58.10	1.19
	上游地区小计	2 728.20	2 297.40	—	919.50	158.70	219.20	430.80	2.40
长江经济带		11 542.30	8 500.50	2 166.60	2 833.80	2 108.00	1 392.10	3 041.80	5.62
全国		53 602.60	46 674.70	5 795.90	10 552.10	8 593.80	21 732.90	6 745.90	5.58

4.1.1.4 生态保护空间

1）生态红线

长江经济带生态红线面积约 59.85 万平方千米，约占长江经济带面积的 29.16%。其中下游地区生态红线面积约 8.56 万平方千米，约占下游地区面积的 24.45%，占长江经济带面积比例最低，约为 10.50%；中游地区生态红线面积约 13.12 万平方千米，约占中游地区面积的 23.22%，占长江经济带面积比例次之，约为 16.09%；上游地区生态红线面积约 38.17 万平方千米，约占上游地区面积的 33.57%，占长江经济带面积比例最高，约为 46.81%。长江经济带 11 个省（直辖市）中，生态红线面积从高到低依次为四川省、云南省、江西省、贵州省、湖南省、湖北省、浙江省、江苏省、安徽省、重庆市、上海市（表4-4）。

表4-4 长江经济带生态红线情况

地区		生态红线面积（万平方千米）	占辖区面积比例（%）	占长江经济带面积比例（%）
下游地区	上海市	0.21	32.85	0.26

续表

地区		生态红线面积 （万平方千米）	占辖区面积 比例（%）	占长江经济带面积 比例（%）
下游地区	江苏省	2.34	22.84	2.87
	浙江省	3.89	38.23	4.77
	安徽省	2.12	15.20	2.60
	下游地区小计	8.56	24.45	10.50
中游地区	江西省	4.69	28.07	5.75
	湖南省	4.28	20.19	5.25
	湖北省	4.15	22.32	5.09
	中游地区小计	13.12	23.22	16.09
上游地区	重庆市	2.04	24.71	2.50
	云南省	11.84	30.05	14.52
	四川省	19.70	40.69	24.16
	贵州省	4.59	26.05	5.63
	上游地区小计	38.17	33.57	46.81
长江经济带		59.85	29.16	

2）自然保护区

长江经济带有自然保护区 1096 个，约占全国自然保护区总数的 39.85%，其中国家级、省级、市级和县级自然保护区分别为 145 个、278 个、137 个和 536 个，分别约占全国总数的 32.51%、31.81%、33.01% 和 52.81%。长江经济带自然保护区面积达 1778.13 万公顷，约占全国自然保护区面积的 12.08%，约占长江经济带总面积的 5.99%。

下游地区有自然保护区 178 个，约占长江经济带的 16.24%，其中国家级、省级、市级和县级自然保护区分别为 23 个、57 个、11 个和 87 个，分别约占长江经济带的 15.86%、20.50%、8.03% 和 16.23%。下游地区自然保护区面积为 139.06 万公顷，约占长江经济带的 7.82%。中游地区自然保护区共 408 个，约占长江经济带的 37.23%，其中国家级、省级、市级和县级自然保护区分别为 57 个、94 个、26 个和 231 个，分别约占长江经济带的 39.31%、33.81%、18.98% 和 43.10%。中游地区自然保护区面积为 351.13 万公顷，约占长江经济带的 19.75%。上游地区自然保护区共 510 个，约占长江经济带的 46.53%，其中国家级、省级、市级和县级自然保护区分别为 65 个、127 个、100 个和 218 个，分别约占长江经济带的 44.83%、45.68%、72.99% 和 40.67%。上游地区自然保护区面积为 1287.94 万公顷，约占长江经济带的 72.43%（表 4-5）。

表 4-5 长江经济带 2018 年自然保护区情况

地区		自然保护区个数（个）	国家级（个）	省级（个）	市级（个）	县级（个）	自然保护区面积（万公顷）	保护区面积占辖区面积比例（%）
下游地区	上海市	4	2	2			13.68	5.30
	江苏省	31	3	11	9	8	53.58	3.80
	浙江省	37	10	14		13	21.22	1.68
	安徽省	106	8	30	2	66	50.58	3.63
	下游地区小计	178	23	57	11	87	139.06	3.97
中游地区	江西省	200	15	38	2	145	122.38	7.33
	湖南省	128	23	28	1	76	122.50	5.78
	湖北省	80	19	28	23	10	106.25	5.72
	中游地区小计	408	57	94	26	231	351.13	6.22
上游地区	重庆市	57	6	18		33	80.20	9.63
	云南省	160	20	38	56	46	288.20	7.31
	四川省	169	30	65	28	46	830.13	17.11
	贵州省	124	9	6	16	93	89.41	5.06
	上游地区小计	510	65	127	100	218	1287.94	11.33
长江经济带		1 096	145	278	137	536	1 778.13	5.99
全国		2 750	446	874	415	1 015	14 716.73	14.29

3）风景名胜区

长江经济带共有国家级风景名胜区 140 个，约占全国总数的 56.18%，总面积为 57 947.48 平方千米，约占全国国家级风景名胜区总面积的 52.28%，占长江经济带总面积的 2.82%。

从区域上来看，上游地区的风景名胜区面积超过了长江经济带风景名胜区面积的一半，上游地区国家风景名胜区有 53 个，约占长江经济带风景名胜区总数的 37.86%，面积为 36 657 平方千米，约占长江经济带风景名胜区总面积的 63.26%。在上游地区中，国家级风景名胜区个数最多的省（直辖市）为贵州省，有 18 个，但是国家级风景名胜区面积最大的为四川省，为 17 198 平方千米，约占上游地区风景名胜区总面积的 46.92%。风景名胜区个数和面积最少的为重庆市，个数为 7 个，面积为 0.25 万平方千米，约占上游地区风景名胜区总面积的 6.82%。

中游地区有国家级风景名胜区 48 个，约占长江经济带风景名胜区总数的 34.28%，面积为 11 038.8 平方千米，约占长江经济带风景名胜区总面积的 19.05%。在中游地区中，国家级风景名胜区个数最多的为湖南省，有 22 个，但是国家级风景名胜区面积最大的为江西省，为5698.7平方千米，约占中游地区风景名胜区总面积的51.62%。风景名胜区个数和面积最少的省为湖北省，个数为8个，面积为2061.15平方千米，约占中游地区风景名胜区总面积的18.67%。

下游地区国家级风景名胜区分布的省份只有安徽省、江苏省和浙江省，上海市没有国家风景名胜区分布。下游地区有国家级风景名胜区39个，约占长江经济带风景名胜区总数的27.86%，面积为10251.68平方千米，约占长江经济带风景名胜区总面积的17.69%。在下游地区中，国家级风景名胜区个数最多和面积最大的为浙江省，有22个，面积为4632.58平方千米，约占下游地区风景名胜区总面积的45.2%。风景名胜区个数最少的为江苏省，但是风景名胜区面积最小的为安徽省，面积为2291.1平方千米，约占下游地区风景名胜区总面积的22.3%（图4-1，表4-6）。

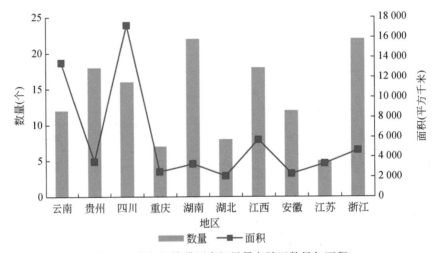

图4-1　长江经济带国家级风景名胜区数量与面积

表4-6　长江经济带国家级风景名胜区名录

区域	省（直辖市）	名称	总面积（平方千米）
上游地区	云南省	阿庐风景名胜区	13
		大理风景名胜区	201
		建水风景名胜区	152
		九乡风景名胜区	167
		昆明滇池风景名胜区	355
		丽江玉龙雪山风景名胜区	360
		路南石林风景名胜区	350
		普者黑风景名胜区	145
		瑞丽江-大盈江风景名胜区	334
		三江并流风景名胜区	10 117
		腾冲热地火山风景名胜区	115
		西双版纳风景名胜区	1 147

区域	省（直辖市）	名称	总面积（平方千米）
上游地区	贵州省	赤水风景名胜区	328
		都匀斗篷山-剑江风景名胜区	88
		红枫湖风景名胜区	200
		黄果树风景名胜区	163
		九洞天风景名胜区	86
		九龙洞风景名胜区	56
		黎平侗乡风景名胜区	156
		荔波樟江风景名胜区	119
		龙宫风景名胜区	60
		马岭河峡谷风景名胜区	450
		平塘风景名胜区	350
		榕江苗山侗水风景名胜区	168
		舞阳河风景名胜区	625
		石阡温泉群风景名胜区	54
		瓮安江界河风景名胜区	134
		沿河乌江山峡风景名胜区	102
		织金洞风景名胜区	307
		紫云格凸河穿洞风景名胜区	57
	四川省	白龙湖风景名胜区	416
		峨眉山风景名胜区	172
		贡嘎山风景名胜区	11 055
		光雾山-诺水河风景名胜区	456
		黄龙风景名胜区	1340
		剑门蜀道风景名胜区	685
		九寨沟风景名胜区	720
		龙门山风景名胜区	81
		青城山-都江堰风景名胜区	150
		邛海-螺髻山风景名胜区	616
		石海洞乡风景名胜区	94
		蜀南竹海风景名胜区	103
		四姑娘山风景名胜区	560
		天台山风景名胜区	110
		西岭雪山风景名胜区	375
		米仓山大峡谷风景名胜区	265

区域	省（直辖市）	名称	总面积（平方千米）
上游地区	重庆市	芙蓉江风景名胜区	101
		金佛山风景名胜区	441
		缙云山风景名胜区	170
		四面山风景名胜区	213
		潭獐峡风景名胜区	80
		天坑地缝风景名胜区	400
		长江三峡（重庆段）风景名胜区	1 095
中游地区	湖南省	白水洞风景名胜区	125
		德夯风景名胜区	108
		东江湖风景名胜区	290
		凤凰风景名胜区	91
		福寿山–汨罗江风景名胜区	166
		衡山风景名胜区	101
		虎形山–花瑶风景名胜区	118
		崀山风景名胜区	108
		猛洞河风景名胜区	226
		南山风景名胜区	187
		韶山风景名胜区	70
		苏仙岭–万华岩风景名胜区	17
		桃花源风景名胜区	158
		万佛山–侗寨风景名胜区	166
		沩山风景名胜区	190
		武陵源风景名胜区	398
		炎帝陵风景名胜区	112
		岳麓山风景名胜区	35
		岳阳楼洞庭湖风景名胜区	333
		紫鹊界梯田–梅山龙宫风景名胜区	10
		九嶷山—舜帝陵风景名胜区	0.05
		里耶—乌龙山风景名胜区	269.9
	湖北省	大洪山风景名胜区	499
		九宫山风景名胜区	210
		隆中风景名胜区	209
		陆水风景名胜区	118
		武当山风景名胜区	312
		武汉东湖风景名胜区	62

续表

区域	省（直辖市）	名称	总面积（平方千米）
中游地区	湖北省	长江三峡（湖北段）风景名胜区	180
		丹江口水库风景名胜区	471.15
	江西省	大茅山风景名胜区	154
		高岭-瑶里风景名胜区	95
		龟峰风景名胜区	97
		井冈山风景名胜区	333
		灵山风景名胜区	102
		龙虎山风景名胜区	220
		庐山风景名胜区	330
		梅岭-滕王阁风景名胜区	144
		三百山风景名胜区	197
		三清山风景名胜区	230
		神农源风景名胜区	43
		武功山风景名胜区	310
		仙女湖风景名胜区	195
		云居山-柘林湖 风景名胜区	655
		瑞金风景名胜区	2 448
		小武当风景名胜区	13.5
		杨岐山风景名胜区	57.2
		汉仙岩风景名胜区	75
下游地区	安徽省	采石风景名胜区	64
		巢湖风景名胜区	1 196
		花山谜窟-渐江风景名胜区	81
		花亭湖风景名胜区	258
		黄山风景名胜区	161
		九华山风景名胜区	120
		琅琊山风景名胜区	115
		齐云山风景名胜区	110
		太极洞风景名胜区	22
		天柱山风景名胜区	102
		龙川风景名胜区	21.5
		齐山-平天湖风景名胜区	40.6
	江苏省	南京钟山风景名胜区	41
		三山风景名胜区	17
		蜀冈-瘦西湖风景名胜区	12

区域	省（直辖市）	名称	总面积（平方千米）
下游地区	江苏省	太湖风景名胜区	3 091
		云台山风景名胜区	167
	浙江省	百丈漈-飞云湖风景名胜区	560
		大红岩风景名胜区	51
		方山-长屿硐天风景名胜区	26
		方岩风景名胜区	153
		富春江-新安江风景名胜区	1 423
		杭州西湖风景名胜区	59
		浣江-五泄风景名胜区	74
		江郎山风景名胜区	51
		莫干山风景名胜区	43
		楠溪江风景名胜区	671
		普陀山风景名胜区	41
		嵊泗列岛风景名胜区	37
		双龙风景名胜区	80
		天姥山风景名胜区	143
		天台山风景名胜区	132
		仙都风景名胜区	166
		仙居风景名胜区	158
		雪窦山风景名胜区	55
		雁荡山风景名胜区	448
		大盘山风景名胜区	45.58
		桃渚风景名胜区	150
		仙华山风景名胜区	66
长江经济带			57 947.48
全国			110 831

4.1.2 重点生态功能区生态资源状况

长江经济带重点生态功能区资源、环境、交通等基础设施发展条件差异较大。长江经济带自然保护区面积近 17.8 万平方千米，其 80% 分布在重点生态功能区。重点生态功能区国家风景名胜区 50 个，总面积为 3.59 万平方千米，约占长江经济带国家风景名胜区总面积的 62%，占重点生态功能区总面积的 4.24%。重点生态功能区森林面积 49.11 平方千米，森林覆盖率高达 58.07%，高于长江经济带平均水平。2015 年重点生态功能区公路通车总里程为 58.56 万千米，仅为长江经济带公路通车总里程的 29%；旅游收入 6133.31

亿元，约占长江经济带 GDP 的 34%；城市生活垃圾无害化处理率为 90.16%；城市污水无害化处理率为 82.21%，远低于下游平均水平。

4.1.3 长三角地区生态资源状况

2018 年长三角地区土地利用类型以林地、耕地为主，两种土地利用类型占比达74.24%。其余土地利用类型面积由高到低为城乡/工矿/居民用地（32 598.37 平方千米）、水域（18 664.86 平方千米）、草地（3284.2 平方千米）、未利用土地（311.37 平方千米），面积占比分别约为 15.30%、8.77%、1.54%、0.15%。其中，上海市以耕地和城乡/工矿/居民用地为主，江苏省以耕地、水域和城乡/工矿/居民用地为主，浙江省以耕地、林地和城乡/工矿/居民用地为主（表4-7）。

表 4-7　长三角地区 2018 年土地利用类型　　　　（单位：平方千米）

地区	耕地	林地	草地	水域	城乡/工矿/居民用地	未利用土地
上海市	3 368.55	86.22	100.13	1 356.02	2 865.50	168.55
江苏省	62 635.43	3 053.36	819.62	14 184.01	21 060.98	103.04
浙江省	24 252.28	64 682.59	2 364.45	3 124.83	8 671.89	39.78
长江经济带	609 391.47	941 773.63	328 206.20	63 007.56	81 351.94	21 566.03

长三角地区林业用地面积 844.94 万公顷，约占长江经济带林业用地总面积的 7.74%，其中上海市、江苏省和浙江省分别为 10.19 万公顷、174.98 万公顷、659.77 万公顷，分别约占长江经济带林业用地总面积的 0.09%、1.60%、6.05%。森林面积 769.88 万公顷，约占长江经济带的 8.51%，其中上海市、江苏省和浙江省分别为 8.9 万公顷、155.99 万公顷和 604.99 万公顷，分别约占长江经济带森林总面积的 0.10%、1.72%、6.69%。森林覆盖率约 35%，低于长江经济带平均水平但高于全国平均水平，其中上海市、江苏省和浙江省森林覆盖率分别为 14.04%、15.20% 和 59.43%，上海市和江苏省均低于全国平均水平和长江经济带平均水平，浙江省高于全国平均水平和长江经济带平均水平。活立木总蓄积量 41 658.80 万立方米，约占长江经济带的 6.03%，其中上海市、江苏省和浙江省分别为 664.32 万立方米、9609.62 万立方米和 31 384.86 万立方米，分别约占长江经济带活立木总蓄积量的 0.10%、1.39% 和 4.55%。森林蓄积量 35 608.74 万立方米，约占长江经济带的 5.66%，其中上海市、江苏省和浙江省分别为 449.59 万立方米、7044.48 万立方米和 28 114.67万立方米，分别约占长江经济带森木蓄积量的 0.07%、1.12% 和 4.47%（表4-8）。

表 4-8　长三角地区 2018 年森林资源情况

地区	林业用地面积（万公顷）	森林面积（万公顷）	森林覆盖率（%）	活立木总蓄积量（万立方米）	森林蓄积量（万立方米）
上海市	10.19	8.9	14.04	664.32	449.59
江苏省	174.98	155.99	15.20	9 609.62	7 044.48
浙江省	659.77	604.99	59.43	31 384.86	28 114.67
长江经济带	10 911.48	9 047.53	44.38	690 412.54	628 910.68

长三角地区湿地面积有439.75万公顷，约占长江经济带湿地总面积的38.10%，远高于全国平均水平和长江经济带平均水平。其中自然湿地320.11万公顷，人工湿地119.64万公顷。上海市湿地面积46.46万公顷，约占长江经济带湿地总面积的4.02%，其中自然湿地40.90万公顷，人工湿地5.56万公顷。江苏省湿地面积为282.28万公顷，约占长江经济带的24.46%，其中自然湿地194.88万公顷，人工湿地87.40万公顷。浙江省湿地面积为111.01万公顷，约占长江经济带的9.62%，其中自然湿地84.33万公顷，人工湿地26.68万公顷（表4-9）。

表4-9 长三角地区2018年湿地资源情况

地区	湿地面积（万公顷）							湿地面积占辖区面积的比例（%）
	总计	自然湿地					人工湿地	
		小计	近海与海岸	河流	湖泊	沼泽		
上海市	46.460	40.900	38.660	0.730	0.580	0.930	5.560	73.27
江苏省	282.280	194.880	108.750	29.660	536.70	2.800	87.400	27.51
浙江省	111.010	84.330	69.250	14.120	0.890	0.700	26.680	10.91
长江经济带	115 4.230	850.050	216.660	283.380	210.800	139.210	304.180	5.62

长三角地区生态红线面积约6.44万平方千米，占长江经济带的10.76%。其中上海市0.21万平方千米，约占长江经济带的0.35%；江苏省2.34万平方千米，约占长江经济带的3.91%；浙江省3.89万平方千米，约占长江经济带的6.50%。长三角地区自然保护区共有72个，约占长江经济带自然保护区总数的6.57%，其中国家级、省级、市级、县级自然保护区分别为15个、27个、9个、21个。自然保护区面积为88.48万公顷，约占长江经济带的4.98%。其中上海市、江苏省和浙江省自然保护区个数分别为4个、31个和37个，自然保护区面积分别为13.68万公顷、53.58万公顷和21.22万公顷；长三角地区国家级风景名胜区共有27个，约占长江经济带国家级风景名胜区总数的19.29%，国家级风景名胜区面积为7960.58万公顷，约占长江经济带的13.74%。其中上海市、江苏省和浙江省国家级风景名胜区个数分别为0个、5个和22个，国家级风景名胜区面积分别为0万公顷、3328公顷和4632.58公顷；长三角地区重点生态功能区个数为11个，约占长江经济带重点生态功能区总数的4.31%，重点生态功能区面积为2.25万平方千米，约占长江经济带重点生态功能区总面积的2.66%，重点生态功能区均分布在浙江省，上海市和江苏省无重点生态功能区。

4.2 长江经济带生态资源资产核算分析

4.2.1 生态资源资产核算体系构建

谢高地等在Costanza等的研究基础之上提出了符合中国实际的生态系统服务价值化的

当量因子法（谢高地等，2003，2008；Costanza et al.，1997），构建了中国生态系统单位面积生态服务价值当量因子表，该方法适合于开展大、中尺度区域生态系统服务价值研究（Costanza et al.，2014；Wang et al.，2014），并得到了广泛应用。2015 年，谢高地等参照千年生态系统评估（MA）的分类方法对该方法进行了改进，得出新的当量因子表（谢高地等，2015）。本研究依据新的当量因子表，采用全国 NPP 对当量因子价值进行调整，结合长江经济带实际对其生态资源资产（GEP）进行核算。

4.2.1.1 生态系统服务价值当量因子表

单位面积生态系统服务价值当量是指不同类型生态系统单位面积上各类服务年均价值当量，当量体现了不同生态系统及其服务功能在全国范围内的年均价值量。以 1 公顷全国平均产量的农田每年粮食产量的价值为基准值，以其他生态系统服务相对于农田贡献的大小为依据，依此对其他生态系统服务价值进行权重赋值，进而得到其他生态系统服务价值当量因子（表 4-10）。

表 4-10　单位面积生态系统服务价值当量

生态系统分类		供给服务			调节服务				支持服务			文化服务
一级分类	二级分类	食物生产	原料生产	水资源供给	气体调节	气候调节	净化环境	水文调节	土壤保持	维持养分循环	生物多样性	美学景观
农田	水田	1.36	0.09	−2.63	1.11	0.57	0.17	2.72	0.01	0.19	0.21	0.09
	旱地	0.85	0.40	0.02	0.67	0.36	0.10	0.27	1.03	0.12	0.13	0.06
森林	针叶林	0.22	0.52	0.27	1.70	5.07	1.49	3.34	2.06	0.16	1.88	0.82
	针阔混交林	0.31	0.71	0.37	2.35	7.03	1.99	3.51	2.86	0.22	2.60	1.14
	阔叶林	0.29	0.66	0.34	2.17	6.50	1.93	4.74	2.65	0.20	2.41	1.06
	灌木林	0.19	0.43	0.22	1.41	4.23	1.28	3.35	1.72	0.13	1.57	0.69
草地	草原	0.10	0.14	0.08	0.51	1.34	0.44	0.98	0.62	0.05	0.56	0.25
	灌草丛	0.38	0.56	0.31	1.97	5.21	1.72	3.82	2.40	0.18	2.18	0.96
	草甸	0.22	0.33	0.18	1.14	3.02	1.00	2.21	1.39	0.11	1.27	0.56
湿地	湿地	0.51	0.50	2.59	1.90	3.60	3.60	24.23	2.31	0.18	7.87	4.73
荒漠	荒漠	0.01	0.03	0.02	0.11	0.10	0.31	0.21	0.13	0.01	0.12	0.05
	裸地	0.00	0.00	0.00	0.02	0.00	0.10	0.03	0.02	0.00	0.02	0.01
水域	水系	0.80	0.23	8.29	0.77	2.29	5.55	102.24	0.93	0.07	2.55	1.89
	冰川积雪	0.00	0.00	2.16	0.18	0.54	0.16	7.13	0.00	0.00	0.01	0.09

4.2.1.2 当量因子价值量测算及模型

单位面积生态系统服务价值当量因子的价值量是指当年 1 公顷农田自然粮食产量所具有的价值。由此可以计算出不同生态系统服务的单价。经过综合比较分析，确定当量因子的价值量等于当年全国平均粮食单产市场价值的七分之一。公式如下所示：

$$V_a = \frac{1}{7} \sum_{i=1}^{n} \frac{o_i \times p_i \times q_i}{Z}$$

式中，V_a 为单位面积生态系统服务价值当量因子的价值（元/公顷）；o_i 为第 i 类粮食作物的面积（公顷）；p_i 为第 i 类粮食作物的平均价格（元/吨）；q_i 为第 i 类粮食作物的单位面积产量（吨/公顷）；i 为主要粮食作物的种类（稻谷、小麦、玉米、豆类、薯类）；Z 为粮食作物的总面积（公顷）。

4.2.1.3　当量因子价值修正系数

生态系统在不同地区或者同一年内不同时段是不断变化的，因而其生态服务功能及其价值量也是不断变化的。本研究基于 NPP 时空动态因子，修正了生态系统服务价值基础当量表，计算公式如下：

$$P_a = \frac{B_i}{\bar{B}}$$

式中，P_a 为 NPP 修正系数；B_i 为 i 地区 NPP（吨/公顷）；$\bar{B}$ 为全国年均 NPP（吨/公顷）。

4.2.1.4　生态系统服务价值计算模型

根据表 4-10 不同生态系统当量因子，结合单位面积生态系统服务价值当量因子价值以及修正系数，可以得到生态系统服务价值计算模型，计算公式如下：

$$\text{GEP} = \sum_{i=1}^{n} \sum_{j=1}^{m} E_{ij} \times V_a \times P_a \times A_j$$

式中，GEP 为区域生态系统服务价值（亿元）；E_{ij} 为第 j 种生态系统的第 i 种生态系统服务价值当量因子；V_a 为单位面积生态系统服务价值当量因子的价值（元/公顷）；P_a 为 NPP 修正系数；A_j 为第 j 种生态系统的面积。

4.2.2　长江经济带生态资源资产核算结果

4.2.2.1　GEP 整体状况

2018 年长江经济带 GEP 总价值为 29.47 万亿元，GEP 与 GDP 比小于 1，单位面积 GEP 为 1443.55 万元/平方千米，约为全国平均水平的 1.98 倍；人均 GEP 为 4.92 万元，比全国平均水平低 0.04 万元。从与全国的经济水平比较结果来看，长江经济带 GDP 约占全国 GDP 总量的 45%，人均 GDP 是全国平均水平的 1.15 倍，GEP 约为全国的 42.59%，人均 GEP 约为全国平均水平的 99%。因此可见，长江经济带生态资源资产与经济发展水平还不匹配，生态资源资产稍滞后于经济发展。

从区域上分析，长江经济带 GEP 从低到高依次为下游地区、中游地区和上游地区，分别为 5.46 万亿元、10.13 万亿元和 13.88 万亿元，分别约占长江经济带 GEP 总量的 18.53%、34.37% 和 47.10%。单位面积 GEP 从低到高依次为上游地区、下游地区和中游地区，分别为1231.81万元/平方千米、1560.00万元/平方千米和1793.87万元/平方千米，其中，下游地区和中游地区高于长江经济带平均水平。人均GEP从低到高依次为下游地区、中游地区和上游地区，分别为2.42万元、5.80万元和6.98万元，其中，中游地区和上游地区高于长江经济带平均水平。中游地区和上游地区的人均GEP高于人均GDP，但下游地区人均GEP远低于人均GDP（表4-11）。

表4-11　长江经济带与全国生态系统服务价值比较

项目	全国	长江经济带	下游地区	中游地区	上游地区
参与资产核算面积（万平方千米）	948.17	204.15	35.00	56.47	112.68
GEP（万亿元）	69.19	29.47	5.46	10.13	13.88
单位面积GEP（万元/平方千米）	729.72	1 443.55	1 560.00	1 793.87	1 231.81
面积占全国的比例（%）	100	21.53	3.69	5.96	11.88
GEP占全国的比例（%）	100	42.59	7.89	14.64	20.06
人均GDP（万元）	5.97	6.85	9.49	5.75	4.82
人均GEP（万元）	4.96	4.92	2.42	5.80	6.98

4.2.2.2　各生态系统类型生态资源资产情况

2018年长江经济带各生态系统类型的GEP从高到低依次为林地（15.85万亿元）、耕地（5.28万亿元）、草地（4.32万亿元）、水域（3.32万亿元）、城乡/工矿/居民用地（0.44万亿元）、未利用土地（0.26万亿元），分别约占GEP的53.78%、17.92%、14.66%、11.27%、1.49%、0.88%，其中林地、耕地和草地占比高达86.36%，是长江经济带GEP的主要贡献者。各生态系统类型的单位面积GEP从高到低依次为水域（5437.42万元/平方千米）、林地（1685.42万元/平方千米）、草地（1317.96万元/平方千米）、未利用土地（1164.93万元/平方千米）、耕地（869.22万元/平方千米）、城乡/工矿/居民用地（544.36万元/平方千米），其中，水域和林地的单位面积GEP远高于长江经济带平均水平和其他生态系统类型（表4-12）。

表4-12　长江经济带各生态系统类型生态系统服务

生态系统类型	GEP（万亿元）	占比（%）	单位面积GEP（万元/平方千米）
耕地	5.28	17.92	869.22
林地	15.85	53.78	1 685.42
草地	4.32	14.66	1 317.96
水域	3.32	11.27	5 437.42
城乡/工矿/居民用地	0.44	1.49	544.36
未利用土地	0.26	0.88	1164.93

在此基础上将长江经济带单位面积GEP与单位面积GDP进行对比，可以看出，长江经济带各生态系统类型单位面积GEP远远小于单位面积GDP，进一步说明长江经济带GEP与GDP相比存在不协调情况，应进一步加强生态保护建设（图4-2）。

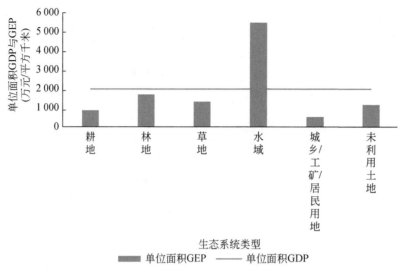

图 4-2　2018 年长江经济带各生态系统类型单位面积 GEP 与单位面积 GDP

4.2.2.3　各地区生态资源资产状况

长江经济带各省（直辖市）的 GEP 从高到低依次为云南省、四川省、湖南省、江西省、湖北省、浙江省、贵州省、安徽省、重庆市、江苏省、上海市；单位面积 GEP 从高到低依次为浙江省、江西省、湖南省、湖北省、重庆市、安徽省、云南省、贵州省、江苏省、四川省、上海市；人均 GEP 从高到低依次为云南省、江西省、贵州省、四川省、湖南省、湖北省、浙江省、重庆市、安徽省、江苏省、上海市。各省（直辖市）GDP 和 GEP 比值差距较大，长江经济带平均比值为 0.72，比值由低到高依次为上海市、江苏省、浙江省、重庆市、安徽省、湖北省、湖南省、四川省、江西省、贵州省、云南省。其中，湖南省、四川省、江西省、贵州省、云南省 5 个省的 GEP 高于 GDP，江西省、湖北省、湖南省、四川省、云南省、贵州省 6 个省的 GEP 与 GDP 比值大于长江经济带平均水平（图 4-3）。

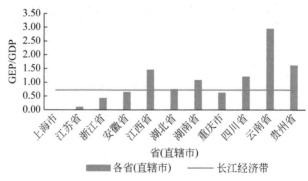

图 4-3　2018 年长江经济带各省 GEP 与 GDP 比值

2018 年长江经济带 124 个地级市中 GEP 排名前 3 名的是阿坝藏族羌族自治州（11276.43 亿元）、甘孜藏族自治州（9259.37 亿元）、凉山彝族自治州（8886.85 亿元），排名后 3 名的是舟山市（71.74 亿元）、淮北市（158.50 亿元）、铜陵市（182.52 亿元）；单位面积 GEP 排名前 3 名的是丽水市（3237.22 万元/平方千米）、杭州市（3140.75 万元/平方千米）、黄山市（2978.09 万元/平方千米），排名后 3 名的是亳州市（356.41 万元/平方千米）、南通市（396.15 万元/平方千米）、宿州市（420.63 万元/平方千米）；人均 GEP 排名前 3 名的是阿坝藏族羌族自治州（119.45 万元）、甘孜藏族自治州（77.42 万元）、迪庆藏族自治州（71.57 万元），排名后 3 名的是嘉兴市（0.39 万元）、南通市（0.39 万元）、成都市（0.48 万元）（表 4-13）。

表 4-13　长江经济带 2018 年各省（直辖市）生态资源资产状况

省（直辖市）	地级市（自治州）	GEP（亿元）	单位面积 GEP（万元/平方千米）	人均 GEP（万元）
上海市	—	240.05	377.50	0.10
江苏省	南京市	681.39	1 036.65	0.81
	无锡市	673.09	1 452.18	1.02
	徐州市	783.60	704.55	0.89
	常州市	593.99	1 362.06	1.26
	苏州市	1 253.97	1 448.51	1.17
	南通市	348.30	396.15	0.48
	连云港市	710.59	965.99	1.57
	淮安市	1 523.59	1 516.46	3.09
	盐城市	1 078.11	721.00	1.50
	扬州市	1 134.43	1 720.92	2.50
	镇江市	393.82	1 022.90	1.23
	泰州市	496.91	858.96	1.07
	宿迁市	1 014.83	1 192.51	2.06
浙江省	杭州市	5 299.08	3 140.75	5.40
	宁波市	1 371.66	1 545.36	1.67
	温州市	2 531.23	2 247.78	2.74
	嘉兴市	183.54	449.52	0.39
	湖州市	950.68	1 628.43	3.14
	绍兴市	1 728.77	2 099.55	3.43
	金华市	2 437.49	2 229.07	4.35
	衢州市	2 123.33	2 404.14	9.61
	舟山市	71.74	770.62	0.61
	台州市	1 992.28	2 176.16	3.25
	丽水市	5 589.06	3 237.22	25.42

续表

省（直辖市）	地级市（自治州）	GEP（亿元）	单位面积GEP（万元/平方千米）	人均GEP（万元）
安徽省	合肥市	845.78	712.47	1.05
	淮北市	158.50	576.57	0.70
	亳州市	304.41	356.41	0.58
	宿州市	417.35	420.63	0.73
	蚌埠市	610.16	1025.65	1.80
	阜阳市	469.16	463.46	0.57
	淮南市	249.65	1181.49	0.72
	滁州市	1 691.35	1 252.57	4.11
	六安市	2 987.80	1 620.37	6.18
	马鞍山市	484.82	1 127.76	2.07
	芜湖市	660.84	1 139.58	1.76
	宣城市	2 495.44	2 025.68	9.42
	铜陵市	182.52	1 694.68	1.12
	池州市	2 176.19	2 581.49	14.76
	安庆市	2 839.20	1 851.94	6.05
	黄山市	2 879.22	2 978.09	20.46
江西省	南昌市	1 142.62	1 589.18	2.06
	景德镇市	1 131.51	2 147.07	6.76
	萍乡市	728.19	1 900.29	3.77
	九江市	4 840.95	2 536.52	9.89
	新余市	527.64	1 667.64	4.45
	鹰潭市	574.08	1 608.51	4.89
	赣州市	7 632.33	1 939.01	8.80
	吉安市	4 621.04	1 827.94	9.32
	宜春市	2 630.80	1 410.24	4.72
	抚州市	3 518.16	1 870.57	8.69
	上饶市	4 780.03	2 102.22	7.02
湖北省	武汉市	1 340.52	1 562.20	1.21
	黄石市	1 018.02	2 223.23	4.12
	十堰市	3 630.21	1 533.55	10.66
	宜昌市	4 094.75	1 931.12	9.90
	襄阳市	2 268.32	1 149.80	4.00
	鄂州市	306.69	1 934.98	2.85
	荆门市	1 632.97	1 322.67	5.64

续表

省（直辖市）	地级市（自治州）	GEP（亿元）	单位面积GEP（万元/平方千米）	人均GEP（万元）
湖北省	孝感市	907.45	1 020.53	1.84
	荆州市	2 723.27	1 935.24	4.87
	黄冈市	2 243.31	1 285.71	3.54
	咸宁市	1 823.70	1 870.65	7.17
	随州市	1 051.00	1 093.31	4.74
	恩施土家族苗族自治州	4 905.76	2 038.71	14.52
湖南省	长沙市	1 546.81	1 310.86	1.90
	株洲市	2 119.96	1 883.74	5.27
	湘潭市	586.91	1 171.48	2.05
	衡阳市	1 565.19	1 022.20	2.16
	邵阳市	3 622.13	1 741.66	4.91
	岳阳市	3 503.34	2 353.61	6.04
	常德市	3 594.91	1 975.01	6.17
	张家界市	1 713.52	1 799.35	11.14
	益阳市	2 822.56	2 290.67	6.39
	郴州市	4 236.45	2 190.17	8.93
	永州市	3 950.36	1 774.49	7.25
	怀化市	6 506.07	2 359.58	13.07
	娄底市	1 065.66	1 313.68	2.71
	湘西土家族苗族自治州	2 743.24	1 773.38	10.35
重庆市	—	12 751.07	1 548.23	4.11
四川省	成都市	786.11	648.34	0.48
	自贡市	227.78	520.39	0.78
	攀枝花市	776.05	1 049.57	6.28
	泸州市	1 507.34	1 232.19	3.49
	德阳市	375.08	634.98	1.06
	绵阳市	1 960.28	967.99	4.04
	广元市	1 698.03	1 041.16	6.37
	遂宁市	288.94	542.10	0.90
	内江市	280.61	521.29	0.76
	乐山市	1 959.15	1 537.43	6.00
	南充市	781.17	625.18	1.21
	眉山市	808.66	1 133.37	2.71
	宜宾市	1 497.82	1 129.67	3.29

续表

省（直辖市）	地级市（自治州）	GEP（亿元）	单位面积 GEP（万元/平方千米）	人均 GEP（万元）
四川省	广安市	598.61	945.52	1.85
	达州市	1 954.69	1 178.23	3.42
	雅安市	2 714.84	1 804.60	17.63
	巴中市	1 438.30	1 167.64	4.33
	资阳市	380.69	478.74	1.52
	阿坝藏族羌族自治州	11 276.43	1 358.59	119.45
	甘孜藏族自治州	9 259.37	618.71	77.42
	凉山彝族自治州	8 886.85	1 474.41	18.11
云南省	昆明市	2 348.53	1 116.81	3.43
	曲靖市	3 853.62	1 333.39	6.26
	玉溪市	1 991.37	1 333.00	8.35
	保山市	2 922.35	1 536.86	11.12
	昭通市	3 302.54	1 471.39	5.91
	丽江市	2 432.03	1 184.22	18.77
	普洱市	7 041.06	1 594.73	26.70
	临沧市	3 519.76	1 495.99	13.88
	楚雄彝族自治州	2 667.70	937.91	9.71
	红河哈尼族彝族自治州	4 402.30	1 374.65	9.28
	文山壮族苗族自治州	3 500.51	1 116.41	9.58
	西双版纳傣族自治州	3 424.81	1 811.30	28.83
	大理白族自治州	3 153.97	1 113.93	8.76
	德宏傣族景颇族自治州	2 304.17	2 086.92	17.51
	怒江傈僳族自治州	2 756.53	1 908.69	49.85
	迪庆藏族自治州	2 962.80	1 277.12	71.57
贵州省	贵阳市	969.58	1 206.84	1.99
	六盘水市	1 244.15	1 253.93	4.24
	遵义市	4 422.75	1 436.84	7.05
	安顺市	945.99	1 025.80	4.02
	毕节市	3 408.80	1 270.00	5.10
	铜仁市	2 374.33	1 318.41	7.49
	黔西南布依族苗族自治州	1 965.25	1 170.21	6.84
	黔东南苗族侗族自治州	5 144.08	1 698.73	14.54
	黔南布依族苗族自治州	3 511.05	1 340.56	10.67
	铜仁市	251.40	139.60	7 933.51
	黔西南布依族苗族自治州	259.59	154.57	9 039.61
	黔东南苗族侗族自治州	479.02	158.19	13 538.12
	黔南布依族苗族自治州	387.39	147.91	11 767.17

4.2.3　重点生态功能区生态资源资产

　　长江经济带生态资源资产高值区整体上与重点生态功能区空间吻合，重点生态功能区经济水平远低于长江经济带平均水平，但生态资源资产水平却远高于长江经济带平均水平。2018年长江经济带的重点生态功能区GEP总量为13.13万亿元，约为当年GDP的5.63倍，约占长江经济带GEP总量的44.55%，占全国GEP总量的18.98%。单位面积GEP为1558.99万元/平方千米，高于长江经济带平均水平和全国平均水平。从经济水平比较来看，长江经济带重点生态功能区GDP总量约占长江经济带GDP总量的5.69%，人均GDP约为长江经济带平均水平的44%，人均GEP却是长江经济带的3.44倍。长江经济带重点生态功能区经济水平远低于长江经济带平均水平，但生态系统服务水平却远高于长江经济带平均水平（图4-4）。

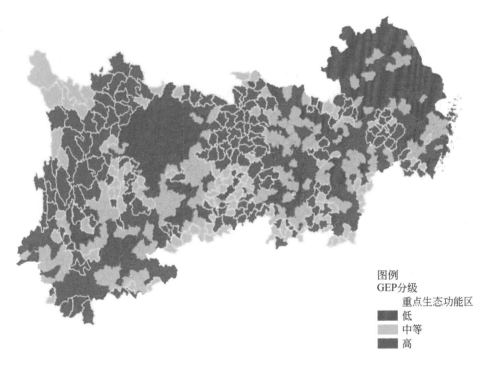

图例
GEP分级
重点生态功能区
低
中等
高

图4-4　2018年长江经济带生态资源资产与重点生态功能区空间分布

　　长江经济带重点生态功能区下游地区GEP为1.51万亿元，约占长江经济带重点生态功能区GEP的11.47%；中游地区GEP为4.64万亿元，约占长江经济带重点生态功能区GEP的35.35%；上游地区GEP为6.98万亿元，约占长江经济带重点生态功能区GEP的53.18%。重点生态功能区单位面积GEP从高到低依次为下游地区（2999.00万元/平方千米）、中游地区（1995.93万元/平方千米）、上游地区（1248.12万元/平方千米）；重点生态功能区人均GEP从高到低依次为下游地区（22.79万元）、上游地区（21.58万元）、中游地区（12.02万元）（表4-14）。

表4-14　2018年长江经济带重点生态功能区生态资源资产

项目	全国	长江经济带	长江经济带重点生态功能区
参与资产核算面积（万平方千米）	948.17	204.15	84.58
GEP总价值（万亿元）	69.19	29.47	13.13
单位面积GEP（万元/平方千米）	729.72	1 443.55	1 552.38
面积占全国的比例（%）	100	21.53	8.92
GEP占全国的比例（%）	100	42.59	18.98
人均GDP（万元）	5.97	6.85	3.01
人均GEP（万元）	4.96	4.92	16.93

4.2.4　长三角地区生态资源资产

2018年长三角地区GEP总价值为3.52万亿元，仅为当年GDP总量的19%，单位面积GEP为1607.56万元/平方千米，约为长江经济带平均水平的1.11倍；人均GEP为2.17万元，比长江经济带平均水平低2.75万元。其中，上海市GEP为240.05亿元，单位面积GEP为377.5万元/平方千米，人均GEP为0.10万元；江苏省GEP约为1.07万亿元，单位面积GEP为996.89万元/平方千米，人均GEP为1.33万元；浙江省GEP约为2.43万亿元，单位面积GEP为2301.31万元/平方千米，人均GEP为4.23万元（表4-15）。

表4-15　长三角地区2018年生态资源资产

省（直辖市）	地级市（自治州）	GEP（亿元）	单位面积GEP（万元/平方千米）	人均GEP（万元）
上海市	—	240.05	377.50	0.10
江苏省	南京市	681.39	1 036.65	0.81
	无锡市	673.09	1 452.18	1.02
	徐州市	783.60	704.55	0.89
	常州市	593.99	1 362.06	1.26
	苏州市	1 253.97	1 448.51	1.17
	南通市	348.30	396.15	0.48
	连云港市	710.59	965.99	1.57
	淮安市	1 523.59	1 516.46	3.09
	盐城市	1 078.11	721.00	1.50
	扬州市	1 134.43	1 720.92	2.50
	镇江市	393.82	1 022.90	1.23
	泰州市	496.91	858.96	1.07
	宿迁市	1 014.83	1 192.51	2.06

省（直辖市）	地级市（自治州）	GEP（亿元）	单位面积 GEP（万元/平方千米）	人均 GEP（万元）
浙江省	杭州市	5 299.08	3 140.75	5.40
	宁波市	1 371.66	1 545.36	1.67
	温州市	2 531.23	2 247.78	2.74
	嘉兴市	183.54	449.52	0.39
	湖州市	950.68	1 628.43	3.14
	绍兴市	1 728.77	2 099.55	3.43
	金华市	2 437.49	2 229.07	4.35
	衢州市	2 123.33	2 404.14	9.61
	舟山市	71.74	770.62	0.61
	台州市	1 992.28	2 176.16	3.25
	丽水市	5 589.06	3 237.22	25.42

4.2.4.1 上海市生态资源资产

2018 年上海市 GEP 总量为 240.05 亿元，与全国各省（自治区、直辖市）GEP 总量比较，仅位于第 32 名。上海市土地面积约占全国面积的 0.07%，单位面积 GEP 为 377.50 万元/平方千米，比全国平均水平低 352.22 万元/平方千米。与全国经济水平比较，GDP 总量占到全国 GDP 总量的 3.63%，人均 GDP 是全国平均水平的 2.26 倍，但 GEP 总量只占全国的 0.03%，人均 GEP 只是全国平均水平的 0.02%。生态资源资产丰富度与经济发展水平不匹配，生态资源资产明显滞后于经济发展（图 4-5）。

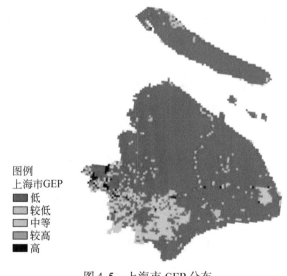

图例
上海市GEP
■ 低
■ 较低
■ 中等
■ 较高
■ 高

图 4-5 上海市 GEP 分布

2018 年上海市各生态系统类型的 GEP 从高到低依次为水域（123.58 亿元）、耕地

（94.56 亿元）、城乡/工矿/居民用地（14.83 亿元）、林地（3.59 亿元）、草地（2.65 亿元）、未利用土地（0.84 亿元），分别占上海市 GEP 的 51.48%、39.39%、6.18%、1.50%、1.10%、0.35%，其中水域和耕地占比约为 90.87%，是上海市 GEP 的主要贡献者。各生态系统类型的单位面积 GEP 从高到低依次为未利用土地（4195.34 万元/平方千米）、水域（3614.73 万元/平方千米）、草地（551.69 万元/平方千米）、林地（535.41 万元/平方千米）、耕地（329.36 万元/平方千米）、城乡/工矿/居民用地（55.04 万元/平方千米），其中水域和未利用土地的单位面积 GEP 远远高于上海市平均水平和其他生态系统类型（表 4-16）。

表 4-16　上海市各生态系统类型生态资源资产

生态系统类型	GEP（亿元）	占比（%）	单位面积 GEP（万元/平方千米）
耕地	94.56	39.39	329.36
林地	3.59	1.50	535.41
草地	2.65	1.10	551.69
水域	123.58	51.48	3 614.73
城乡/工矿/居民用地	14.83	6.18	55.04
未利用土地	0.84	0.35	4 195.34

4.2.4.2　江苏省生态资源资产

2018 年江苏省 GEP 总量为 10 686.61 亿元，与全国各省（自治区、直辖市）GEP 总量比较，仅位于第 21 名。江苏省土地面积约占全国面积的 1.07%，单位面积 GEP 为 1055.64 万元/平方千米，比全国平均水平高 325.92 万元/平方千米。从与全国的经济水平比较结果来看，江苏省的 GDP 总量占全国 GDP 总量的 10.28%，人均 GDP 是全国平均水平的 1.93 倍，但 GEP 总量只占全国的 1.54%，人均 GEP 只是全国平均水平的 27%。生态资源资产丰富度与经济发展水平不匹配，生态资源资产明显滞后于经济发展（图 4-6）。

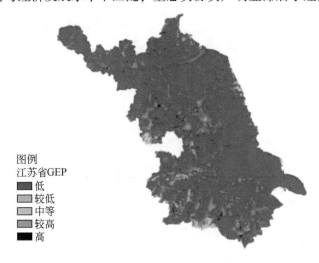

图 4-6　江苏省 GEP 分布

2018 年江苏省各生态系统类型的 GEP 从高到低依次为水域（5438.77 亿元）、耕地
（3831.36 亿元）、城乡/工矿/居民用地（876.82 亿元）、林地（371.91 亿元）、草地
（152.65 亿元）、未利用土地（15.10 亿元），分别占江苏省 GEP 的 50.89%、35.85%、
8.21%、3.48%、1.43%、0.14%，其中水域和耕地占比约为 86.74%，是江苏省 GEP 的
主要贡献者。各生态系统类型的单位面积 GEP 从高到低依次为水域（3951.23 万元/平方
千米）、草地（2143.93 万元/平方千米）、未利用土地（1678.04 万元/平方千米）、林地
（1213.01 万元/平方千米）、耕地（613.28 万元/平方千米）、城乡/工矿/居民用地
（419.17 万元/平方千米），其中水域和草地的单位面积 GEP 远远高于江苏省平均水平和其
他生态系统类型（表4-17）。

表 4-17　江苏省各生态系统类型生态资源资产

生态系统类型	GEP（亿元）	占比（%）	单位面积 GEP（万元/平方千米）
耕地	3 831.36	35.85	613.28
林地	371.91	3.48	1 213.01
草地	152.65	1.43	2 143.93
水域	5 438.77	50.89	3 951.23
城乡/工矿/居民用地	876.82	8.21	419.17
未利用土地	15.10	0.14	1 678.04

2018 年江苏省 13 个城市的 GEP 从高到低依次为淮安市、苏州市、扬州市、盐城市、
宿迁市、徐州市、连云港市、南京市、无锡市、常州市、泰州市、镇江市、南通市。单位
面积 GEP 从高到低依次为扬州市、淮安市、无锡市、苏州市、常州市、宿迁市、南京市、
镇江市、连云港市、泰州市、盐城市、徐州市、南通市。人均 GEP 从高到低依次为淮安
市、扬州市、宿迁市、连云港市、盐城市、常州市、镇江市、苏州市、泰州市、无锡市、
徐州市、南京市、南通市（表4-18）。

表 4-18　江苏省各市生态资源资产

市域	GEP（亿元）	单位面积 GEP（万元/平方千米）	人均 GEP（万元）
南京市	681.39	1 036.65	0.81
无锡市	673.09	1 452.18	1.02
徐州市	783.60	704.55	0.89
常州市	593.99	1 362.06	1.26
苏州市	1 253.97	1 448.51	1.17
南通市	348.30	396.15	0.48
连云港市	710.59	965.99	1.57
淮安市	1 523.59	1 516.46	3.09
盐城市	1 078.11	721.00	1.50
扬州市	1 134.43	1 720.92	2.50

市域	GEP（亿元）	单位面积 GEP（万元/平方千米）	人均 GEP（万元）
镇江市	393.82	1 022.90	1.23
泰州市	496.91	858.96	1.07
宿迁市	1 014.83	1 192.51	2.06

4.2.4.3　浙江省生态资源资产

2018 年浙江省 GEP 总量为 24 278.84 亿元，与全国各省（自治区、直辖市）GEP 总量比较，仅位于第 13 名。江苏省土地面积约占全国面积的 1.08%，单位面积生态资源资产为 2373.72 万元/平方千米，比全国平均水平高 1644 万元/平方千米。从与全国的经济水平比较结果来看，浙江省 GDP 总量占全国 GDP 总量的 6.24%，人均 GDP 是全国平均水平的 1.65 倍，但 GEP 总量只占全国的 3.51%，人均 GEP 只是全国平均水平的 85%。生态资源资产丰富度与经济发展水平不匹配，生态资源资产明显滞后于经济发展（图 4-7）。

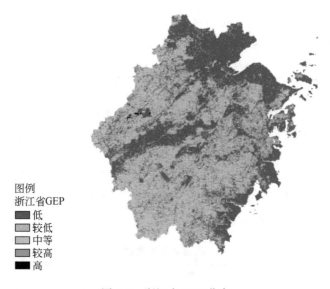

图例
浙江省GEP
■ 低
■ 较低
□ 中等
■ 较高
■ 高

图 4-7　浙江省 GEP 分布

2018 年浙江省各生态系统类型的 GEP 从高到低依次为林地（17 811.49 亿元）、耕地（3166.35 亿元）、水域（1956.85 亿元）、城乡/工矿/居民用地（688.54 亿元）、草地（558.30 亿元）、未利用土地（6.79 亿元），分别占浙江省 GEP 的 73.36%、13.04%、8.43%、2.84%、2.30%、0.03%，其中林地和耕地占比约为 86.40%，是浙江省 GEP 的主要贡献者。各生态系统类型的单位面积 GEP 从高到低依次为水域（7307.15 万元/平方千米）、林地（2782.78 万元/平方千米）、草地（2537.73 万元/平方千米）、未利用土地（1886.27 万元/平方千米）、耕地（1322.40 万元/平方千米）、城乡/工矿/居民用地（821.65 万元/平方千米），其中水域、林地和草地的单位面积 GEP 远远高于浙江省平均水平和其他生态系统类型（表 4-19）。

表 4-19　浙江省各生态系统类型生态资源资产

生态系统类型	GEP（亿元）	占比（%）	单位面积 GEP（万元/平方千米）
耕地	3 166.35	13.04	1 322.40
林地	17 811.49	73.36	2 782.78
草地	558.30	2.30	2 537.73
水域	1 956.85	8.43	7 307.15
城乡/工矿/居民用地	688.54	2.84	821.65
未利用土地	6.79	0.03	1 886.27

　　2018 年浙江省 11 个城市的 GEP 从高到低依次为丽水市、杭州市、温州市、金华市、衢州市、台州市、绍兴市、宁波市、湖州市、嘉兴市、舟山市。单位面积 GEP 从高到低依次为丽水市、杭州市、衢州市、温州市、金华市、台州市、绍兴市、湖州市、宁波市、舟山市、嘉兴市。人均 GEP 从高到低依次为丽水市、衢州市、杭州市、金华市、绍兴市、台州市、湖州市、温州市、宁波市、舟山市、嘉兴市（表 4-20）。

表 4-20　浙江省各市生态资源资产

市域	GEP（亿元）	单位面积 GEP（万元/平方千米）	人均 GEP（万元）
杭州市	5 299.08	3 140.75	5.40
宁波市	1 371.66	1 545.36	1.67
温州市	2 531.23	2 247.78	2.74
嘉兴市	183.54	449.52	0.39
湖州市	950.68	1 628.43	3.14
绍兴市	1 728.77	2 099.55	3.43
金华市	2 437.49	2 229.07	4.35
衢州市	2 123.33	2 404.14	9.61
舟山市	71.74	770.62	0.61
台州市	1 992.28	2 176.16	3.25
丽水市	5 589.06	3 237.22	25.42

4.3　长江经济带生态产品价值实现相关指标分析

4.3.1　公共性生态产品价值实现相关指标分析

　　公共性生态产品价值实现的主要方式是财政转移支付。根据 2018 年长江经济带各个省（直辖市）的财政厅网站公布的预决算数据，选取公共性生态产品价值实现的指标体系，包括一般性转移支付和专项转移支付。其中，一般性转移支付内容主要是指重点生态功能区转移支付数据、产粮（油）大县奖励资金、革命老区转移支付、贫困地区转移支付和资源枯竭型城市转移支付补助等；专项转移支付主要包括节能环保、农林水及粮油物资储备等数据（表4-21）。

表4-21　长江经济带公共性生态产品价值实现相关财政转移支付指标体系

转移支付类型	指标内容	指标说明
一般性转移支付	重点生态功能区转移支付	为维护国家生态安全，引导地方政府加强生态环境保护力度，提高国家重点生态功能区所在地政府基本公共服务保障能力，促进经济社会可持续发展，中央财政在均衡性转移支付项下设立国家重点生态功能区转移支付
	产粮（油）大县奖励资金	为进一步调动地方政府抓好粮食、油料生产的积极性，缓解产粮（油）大县财政困难，促进我国粮食、油料和制种产业发展，保障国家粮油安全，中央财政实行产粮（油）大县奖励政策，对符合规定的产粮（油）大县、商品粮大省、制种大县、"优质粮食工程"实施省份给予奖励
专项转转移支付	革命老区转移支付	指中央财政设立，主要用于加强革命老区专门事务工作和改善革命老区民生的一般性转移支付资金。省级财政根据本地区实际情况，可在年度预算中安排一定资金，与中央财政补助资金一并使用
	贫困地区转移支付	—
	资源枯竭型城市转移支付补助	中央财政设立针对资源枯竭型城市为期四年的一般性转移支付，增强资源枯竭型城市基本公共服务保障能力，帮助其逐步化解累积的公共服务和社会管理等方面的历史欠账
	节能环保专项转移支付	—
	农林水专项转移支付	—
	粮油物资储备专项转移支付	—

根据公共性生态产品价值实现相关财政转移支付指标体系，对长江经济带11个省（直辖市）的2018年财政数据进行收集。通过分析，2018年长江经济带对公共性生态产品价值实现转移支付资金共计4832.32亿元，其中一般性财政转移支付资金1239.56亿元，占比25.65%，专项转移支付资金3592.76亿元，占比74.35%。

4.3.1.1　长江经济带上中下游公共性生态产品价值实现财政转移支付状况

按区域划分，对长江经济带上游地区公共性生态产品价值实现财政支付资金1791.72亿元，占比37.08%。在上游地区中，四川省公共性生态产品价值实现财政支付资金最高，为617.67亿元，其中一般性转移支付161.00亿元，专项转移支付456.67亿元。对中游地区公共性生态产品价值实现财政支付资金1488.51亿元，占比30.80%。在中游地区中，湖南省生态产品价值实现财政支付资金最高，为648.00亿元，其中一般性转移支付183.20亿元，专项转移支付464.80亿元。对下游地区公共性生态产品价值实现财政支付资金1552.09亿元,占比 32.12%。在下游地区中,上海市生态产品价值实现财政支付资金最高,为 776.00 亿元,其中一般性转移支付 52.30 亿元,专项转移支付 723.70 亿元(表 4-22,图 4-8)。

表 4-22 长江经济带上中下游公共性生态产品价值实现财政转移支付状况

位置	地区	一般性转移支付(亿元)	专项转移支付(亿元)	总计(亿元)	占比(%)
上游	云南	150.64	371.69	522.33	10.81
	贵州	149.73	250.00	399.73	8.27
	四川	161.00	456.67	617.67	12.78
	重庆	62.35	189.64	251.99	5.22
	小计	523.72	1 268.00	1 791.72	37.08
中游	湖南	183.20	464.80	648.00	13.41
	湖北	141.10	325.80	466.90	9.66
	江西	127.65	245.96	373.61	7.73
	小计	451.95	1 036.56	1 488.51	30.80
下游	安徽	95.47	363.41	458.88	9.50
	江苏	23.47	154.51	177.98	3.68
	浙江	92.65	46.58	139.23	2.88
	上海	52.30	723.70	776.00	16.06
	小计	263.89	1 288.20	1 552.09	32.12
长江经济带		1 239.56	3 592.76	4 832.32	100

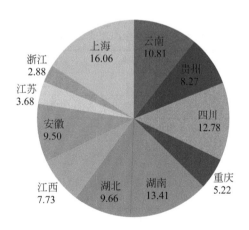

■云南 ■贵州 ■四川 ■重庆 ■湖南 ■湖北 ■江西 ■安徽 ■江苏 ■浙江 ■上海

图 4-8 长江经济带各个省(直辖市)财政转移支付占比(单位:%)

4.3.1.2 重点生态功能区公共性生态产品价值实现财政转移支付状况

重点生态功能区是公共性生态产品的主产区,长江经济带重点生态功能区公共性生态产品价值实现的形式主要为重点生态功能区转移支付。2018 年长江经济带重点生态功能区转移支付总额为 407.98 亿元，约占国家下达重点生态功能区转移支付总额（721 亿元）的 56.59%，按照长江经济带已有重点生态功能区名单计算，重点生态功能区转移支付地均为 4.82 万元/平方千米，人均为 527.91 元。

从区域上来看，长江经济带上游地区有重点功能区 130 个，是长江经济带重点生态功能区最多的区域，重点生态功能区面积 56.58 万平方千米，重点生态功能区人口 3173.05 万人。2018 年，上游地区重点生态功能区转移支付金额为 164 亿元，约占总金额的 40.2%，地均为 2.9 万元/平方千米，人均为 522.79 元。在上游所有省（直辖市）中，贵州省的重点生态功能区转移支付金额最高，为 52.81 亿元，约占上游重点生态功能区转移支付总额的 32.2%，重点生态功能区地均为 8.71 万元/平方千米，人均为 693.95 元。

中游地区有重点功能区 99 个，重点生态功能区面积 23 万平方千米，重点生态功能区人口 3821 万人。2018 年，中游地区重点生态功能区转移支付金额为 134.18 亿元，约占总金额的 32.9%，地均为 5.83 万元/平方千米，人均为 351.16 元。在中游所有省中，湖北省的重点生态功能区转移支付金额最高，为 53.3 亿元，约占中游重点生态功能区转移支付总额的 39.72%，重点生态功能区地均为 6.45 万元/平方千米，人均为 416.69 元。

下游地区有重点功能区 26 个，重点生态功能区面积 5.02 万平方千米，重点生态功能区人口 734 万人。2018 年，下游地区重点生态功能区转移支付金额为 109.8 亿元，占总金额的 26.9%，地均为 21.87 万元/平方千米，人均为 0.15 万元。在下游所有省中，浙江省的重点生态功能区转移支付金额最高，为 89.26 亿元，占下游重点生态功能区转移支付总额的 81.29%，重点生态功能区地均为 39.67 万元/平方千米，人均为 0.28 万元（表 4-23，图 4-9）。

表 4-23　长江经济带重点生态功能区转移支付情况

位置	地区	个数	面积（万平方千米）	人口数量（万人）	转移支付金额（亿元）
上游	云南	39	14.87	1 056.73	44.23
	贵州	25	6.06	761.01	52.81
	四川	56	32.10	857.62	42.73
	重庆	10	3.55	497.69	24.23
	小计	130	56.58	3 173.05	164
中游	湖北	30	8.26	1 279.14	53.3
	湖南	43	9.52	1 715.35	43.2
	江西	26	5.22	827	37.68
	小计	99	23.00	3 821.49	134.18
下游	安徽	15	2.77	418.59	20.54
	浙江	11	2.25	315.1	89.26
	小计	26	5.02	733.69	109.8

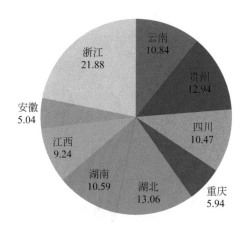

图4-9 长江经济带各个省（直辖市）重点生态功能区转移支付金额占比（单位:%）

综上所述，长江经济带对上游、中游、尤其重点生态功能区的财政转移支付力度还有待提高。2018年长江经济带对公共性生态产品价值实现转移支付资金共计4832.32亿元，重点生态功能区转移支付总额为407.98亿元，占国家下达重点生态功能区转移支付总额的56.59%。

4.3.2 经营性生态产品价值实现相关指标分析

经营性生态产品包括农林产品、生物质能等物质原料产品和旅游休憩、健康休养等依托自然资源开展的精神文化服务等，这部分价值已在国民经济统计年鉴中有所体现，主要通过农林牧渔产值来表征。旅游休憩、健康休养等价值未在统计年鉴中有明显划分，因此采用旅游业收入来表征。所以，确定长江经济带经营性生态产品价值实现表征指标为农林牧渔产值和旅游业收入。

4.3.2.1 农林牧渔产值分析

根据经营性生态产品表征指标，2018年，长江经济带农林牧渔产值达41 452.54亿元，约占全国农林牧渔产值的36.5%。其中，农业产值22 955.08亿元，占比为55.38%；林业产值为2382.58亿元，占比为5.75%；牧业产值为11 050.52亿元，占比为25.55%；渔业产值为5064.36亿元，占比为12.28%。从各个省（直辖市）来看，四川省的农林牧渔产值最高，为7031.85亿元，约占长江经济带农林牧渔产值的16.96%；上海市的农林牧渔产值最低，为270.42亿元，仅占长江经济带的0.65%。在各个地级及以上城市中，重庆市的农林牧渔产值最高，为2014.26亿元，约占长江经济带农林牧渔产值的4.86%；云南省迪庆藏族自治州农林牧渔产值最低，为19.78亿元，约占长江经济带农林牧渔产值的0.05%（图4-10）。

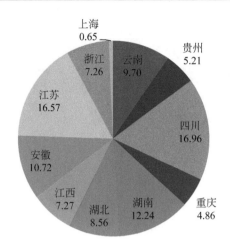

■云南 ■贵州 ■四川 ■重庆 ■湖南 ■湖北 ■江西 ■安徽 ■江苏 ■浙江 ■上海

图4-10　长江经济带各个省（直辖市）农林牧渔产值占比（单位:%）

从区域上来看，上游的农林牧渔产值占比最高，农林牧渔产值为15 225.13亿元，约占长江经济带农林牧渔产值的36.73%。在上游地区中，四川省的农林牧渔产值最高，为7031.85亿元，约占上游地区农林牧渔产值的46.19%；重庆市的农林牧渔产值最低，为2014.26亿元，约占上游地区农林牧渔产值的13.23%。在所有地级城市中，四川省的成都市农林牧渔产值最高，为883.75亿元，约占上游地区农林牧渔产值的5.80%；云南省的迪庆州农林牧渔产值最低，为19.78亿元，约占上游地区农林牧渔产值的0.13%。

中游地区农林牧渔产值为11 636.85亿元，约占长江经济带农林牧渔产值的28.07%。在中游地区中，湖南省的农林牧渔产值最高，为5074.47亿元，约占中游地区农林牧渔产值的43.61%；江西省的农林牧渔产值最低，为3014.87亿元，约占中游地区农林牧渔产值的25.91%。在所有地级城市中，湖南省的常德市农林牧渔产值最高，为563.96亿元，约占中游地区农林牧渔产值的4.85%；江西省的鹰潭市农林牧渔产值最低，为88.20亿元，约占中游地区农林牧渔产值的0.76%。

下游地区农林牧渔产值为14 590.56亿元，约占长江经济带农林牧渔产值的35.2%。在下游地区中，江苏省的农林牧渔产值最高，为6866.54亿元，约占下游地区农林牧渔产值的47.06%；上海市的农林牧渔产值最低，为270.42亿元，约占下游地区农林牧渔产值的1.85%。在所有地级城市中，江苏省的徐州市农林牧渔产值最高，为1167.94亿元，约占下游地区农林牧渔产值的8%；安徽省的铜陵市农林牧渔产值最低，为78.50亿元，约占下游地区农林牧渔产值的0.54%（表4-24）。

表4-24　长江经济带各个省（直辖市）农林牧渔产值　　　（单位：亿元）

省（直辖市）	地级市（自治州）	农林牧渔产值	农业	林业	牧业	渔业
云南省	昆明市	361.56	209.44	17.02	125.99	9.11
	玉溪市	247.30	171.74	5.66	66.69	3.21

续表

省（直辖市）	地级市（自治州）	农林牧渔产值	农业	林业	牧业	渔业
云南省	西双版纳傣族自治州	164.39	85.63	53.09	17.22	8.45
	曲靖市	586.86	239.82	19.08	310.86	17.10
	大理白族自治州	400.67	240.81	13.18	136.96	9.72
	红河哈尼族彝族自治州	379.35	196.31	22.39	149.19	11.46
	保山市	265.03	128.38	23.08	106.72	6.85
	楚雄彝族自治州	290.30	168.29	8.26	109.09	4.66
	临沧市	265.19	173.15	15.63	69.10	7.30
	普洱市	264.76	140.96	46.57	59.65	17.57
	丽江市	90.51	49.29	4.33	33.77	3.12
	德宏傣族景颇族自治州	129.57	92.31	9.99	22.22	5.05
	文山壮族苗族自治州	276.51	159.68	15.05	93.48	8.31
	昭通市	244.85	125.97	8.51	104.00	6.37
	迪庆藏族自治州	19.78	10.46	2.34	6.51	0.47
	怒江傈僳族自治州	32.76	13.86	6.01	12.84	0.05
贵州省	贵阳市	153.10	115.11	1.62	36.00	0.36
	遵义市	411.36	279.39	24.12	96.28	11.57
	黔南布依族苗族自治州	216.56	151.06	10.21	50.66	4.63
	六盘水市	147.95	102.56	10.66	34.45	0.29
	安顺市	149.16	97.65	10.32	35.44	5.74
	黔西南布依族苗族自治州	212.92	139.29	16.51	50.85	6.27
	毕节市	414.76	293.42	20.88	98.24	2.22
	铜仁市	242.51	160.74	18.98	57.16	5.63
	黔东南苗族侗族自治州	211.31	122.86	33.43	49.01	6.02
四川省	成都市	883.75	576.99	20.57	254.20	32.00
	攀枝花市	69.31	44.34	1.08	19.59	4.30
	德阳市	402.79	232.04	8.96	151.47	10.32
	眉山市	313.82	150.11	9.37	133.69	20.66
	绵阳市	510.86	287.09	21.52	181.29	20.95
	资阳市	276.79	138.98	11.70	117.09	9.03
	自贡市	241.76	129.91	17.87	81.83	12.16
	宜宾市	409.76	207.40	25.18	158.93	18.26
	乐山市	285.75	145.63	20.79	103.09	16.25
	泸州市	312.16	174.33	14.40	111.07	12.37
	广安市	293.70	166.23	9.65	108.59	9.23
	内江市	369.94	190.50	14.52	136.81	28.11

续表

省（直辖市）	地级市（自治州）	农林牧渔产值	农业	林业	牧业	渔业
四川省	遂宁市	282.87	138.14	10.76	122.62	11.35
	达州市	523.45	304.48	17.97	186.33	14.68
	南充市	632.17	353.67	19.02	238.86	20.62
	雅安市	145.83	88.10	10.46	45.23	2.04
	阿坝藏族羌族自治州	74.33	22.94	5.15	46.20	0.04
	凉山彝族自治州	521.69	294.19	24.82	196.00	6.68
	巴中市	181.29	89.69	6.98	73.90	10.72
	广元市	212.32	110.22	8.49	84.64	8.97
	甘孜藏族自治州	87.49	36.25	4.27	46.90	0.07
重庆市	—	2 014.26	1 292.68	101.14	520.05	100.39
湖南省	长沙市	493.37	332.75	34.87	108.37	17.37
	株洲市	267.21	144.69	27.32	81.98	13.21
	湘潭市	201.98	100.73	12.85	76.26	12.14
	衡阳市	542.62	238.86	51.16	200.84	51.76
	益阳市	417.60	230.71	15.15	110.30	61.43
	岳阳市	504.71	249.96	19.51	132.18	103.05
	常德市	563.96	289.28	17.95	200.21	56.51
	郴州市	336.09	199.60	34.46	87.53	14.51
	永州市	523.68	264.70	78.34	142.24	38.39
	邵阳市	439.61	278.39	18.61	127.21	15.40
	娄底市	235.98	125.44	7.63	87.67	15.25
	怀化市	322.81	171.98	30.63	106.74	13.47
	张家界市	90.14	56.34	9.07	20.80	3.93
	湘西土家族苗族自治州	134.72	94.88	5.31	32.42	2.12
湖北省	武汉市	362.00	257.48	6.62	35.35	62.55
	荆门市	226.20	118.67	5.19	47.81	54.53
	仙桃市	86.92	33.42	0.80	11.10	41.61
	潜江市	75.29	34.95	1.24	12.69	26.41
	鄂州市	94.15	23.89	2.01	16.95	51.30
	襄阳市	414.76	249.69	10.87	126.18	28.02
	荆州市	404.75	196.65	7.32	61.74	139.03
	天门市	80.44	41.92	1.37	13.31	23.84
	随州市	144.13	81.90	7.77	42.27	12.19
	宜昌市	386.42	268.47	12.41	78.23	27.32
	孝感市	287.13	153.01	9.42	67.17	57.53

续表

省（直辖市）	地级市（自治州）	农林牧渔产值	农业	林业	牧业	渔业
湖北省	黄石市	95.64	41.18	5.14	17.38	31.94
	咸宁市	186.88	107.72	12.95	33.34	32.87
	黄冈市	376.10	195.17	18.73	88.32	73.89
	恩施土家族苗族自治州	166.27	104.59	12.57	48.34	0.76
	十堰市	158.26	98.83	13.87	35.58	9.98
	神农架林区	2.18	1.37	0.35	0.44	0.02
江西省	萍乡市	93.70	44.48	9.10	32.79	7.34
	新余市	90.43	40.59	19.46	21.75	8.63
	南昌市	307.01	141.74	4.96	87.22	73.08
	景德镇市	88.46	62.11	10.18	10.65	5.53
	鹰潭市	88.20	39.13	13.92	26.58	8.56
	宜春市	446.57	223.19	53.42	108.32	61.64
	抚州市	327.81	206.55	27.06	63.11	31.09
	九江市	295.58	138.02	29.87	43.24	84.46
	吉安市	363.68	182.31	48.37	92.38	40.62
	上饶市	387.89	181.81	46.05	62.07	97.96
	赣州市	525.54	289.29	57.16	124.07	55.02
安徽省	铜陵市	78.50	34.99	7.02	16.34	20.15
	黄山市	95.28	52.56	19.79	20.44	2.48
	淮北市	105.53	60.35	3.80	36.69	4.68
	池州市	125.16	52.92	17.39	30.44	24.42
	马鞍山市	141.86	71.30	2.72	24.40	43.44
	淮南市	203.27	115.11	4.95	49.47	33.74
	宣城市	230.70	105.95	26.68	68.06	30.01
	芜湖市	235.55	119.51	16.38	45.16	54.49
	蚌埠市	337.97	181.75	11.88	109.07	35.27
	安庆市	348.67	150.30	32.94	105.77	59.66
	六安市	361.41	167.02	38.23	119.78	36.38
	滁州市	365.83	185.24	11.68	106.20	62.70
	亳州市	370.55	269.72	13.67	77.90	9.26
	宿州市	425.97	258.30	16.86	141.19	9.62
	合肥市	464.38	244.84	21.16	124.76	73.62
	阜阳市	553.31	287.46	46.55	197.26	22.05
江苏省	无锡市	201.47	138.87	18.84	8.19	35.57
	镇江市	213.79	135.64	10.10	31.94	36.11

省（直辖市）	地级市（自治州）	农林牧渔产值	农业	林业	牧业	渔业
江苏省	宿迁市	224.70	19.86	89.21	98.78	16.85
	常州市	272.65	162.49	2.13	27.01	81.02
	苏州市	360.72	177.64	24.57	24.10	134.41
	泰州市	459.98	269.90	3.61	70.80	115.67
	南京市	462.84	277.28	29.15	33.37	123.04
	扬州市	485.26	243.36	13.98	61.87	166.05
	连云港市	592.03	304.65	16.00	115.89	155.49
	淮安市	649.49	413.70	15.11	147.12	73.56
	南通市	675.68	324.55	4.89	167.67	178.57
	盐城市	1 099.99	519.46	30.80	311.93	237.80
	徐州市	1 167.94	760.86	21.58	337.49	48.01
浙江省	衢州市	126.40	70.06	13.68	34.98	7.68
	丽水市	141.91	97.68	22.85	17.79	3.59
	嘉兴市	178.54	123.27	1.99	24.60	28.68
	湖州市	204.72	98.99	21.86	18.31	65.56
	金华市	209.09	148.89	7.01	39.70	13.49
	温州市	219.09	104.28	6.44	32.22	76.15
	舟山市	260.28	9.80	0.22	1.76	248.50
	绍兴市	291.74	200.67	28.88	27.07	35.12
	杭州市	449.33	282.71	57.30	61.85	47.47
	宁波市	456.70	229.14	15.54	34.86	177.16
	台州市	471.87	155.40	6.72	26.07	283.68
上海市	—	270.42	150.09	15.80	48.32	56.21

4.3.2.2 旅游业收入分析

2018 年，长江经济带旅游收入达 99 167.56 亿元，约占长江经济带 GDP 的 24.40%。从各个省（直辖市）来看，浙江省的旅游收入最高，为 15 244.91 亿元，约占长江经济带旅游收入的 15.37%；重庆市的旅游收入最低，为 4344.35 亿元，占比约为 4.38%。在各个地级市中，成都市的旅游收入最高，为 3712.60 亿元，约占长江经济带旅游收入的 3.74%；黄石市的旅游收入最低，为 50.00 亿元，约占长江经济带旅游收入的 0.05%（图 4-11，图 4-12）。

从区域上来看，上游地区旅游收入总值为 34 618.20 亿元，约占长江经济带旅游收入总值的 34.91%。在上游地区中，四川省的旅游收入最高，为 11 942.63 亿元，约占上游地区旅游收入总值的 34.50%；重庆市的旅游收入最低，为 4344.35 亿元，约占上游地区旅游收入总值的 12.55%。在所有地级市中，四川省的成都市旅游收入最高，为 3712.60

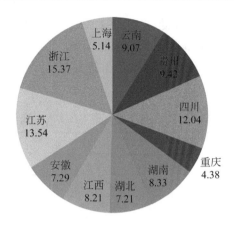

■ 云南 ■ 贵州 ■ 四川 ■ 重庆 ■ 湖南 ■ 湖北 ■ 江西 ■ 安徽 ■ 江苏 ■ 浙江 ■ 上海

图 4-11　长江经济带各个省（市）旅游收入占比（单位:%）

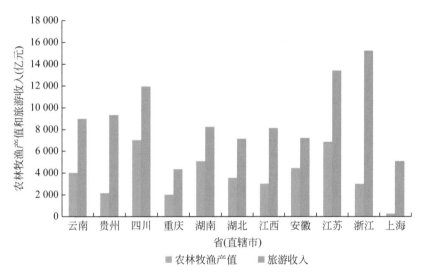

图 4-12　长江经济带各省（直辖市）农林牧渔和旅游收入

亿元，约占上游地区旅游收入总值的 10.72%；云南省的怒江傈僳族自治州旅游收入最低，为 55.54 亿元，约占上游地区旅游收入总值的 0.16%。

　　中游地区旅游收入总值为 23 551.66 亿元，约占长江经济带旅游收入总值的 23.75%。在中游地区中，湖南省的旅游收入最高，为 8255.12 亿元，约占中游地区旅游收入总值的 35.05%；湖北省的旅游收入最低，为 7151.44 亿元，约占中游地区旅游收入总值的 30.36%。在所有地级市中，湖北省的武汉市旅游收入最高，为 3162.16 亿元，约占中游地区旅游收入总值的 13.43%；湖北省的天门市旅游收入最低，为 6.07 亿元，约占中游地区旅游收入总值的 0.03%。

　　下游地区旅游收入总值为 40 997.70 亿元，约占长江经济带旅游收入总值的 41.34%。在下游地区中，浙江省的旅游收入最高，为 15 244.91 亿元，约占下游地区旅游收入总值的 37.19%；上海市的旅游收入最低，为 5092.32 亿元，约占下游地区旅游收入总值的 12.42%。在所有地级市中，浙江省的杭州市旅游收入最高，为 3589.10 亿元，约占下游地区旅游收入总值的 8.75%；安徽省的淮北市旅游收入最低，为 110.22 亿元，约占下游地区旅游收入总值的 0.27%（表 4-25）。

表 4-25　长江经济带各个省（直辖市）旅游收入　　　　（单位：亿元）

区域	省（直辖市）	地级市（自治州）	旅游收入
上游	云南省	昆明市	2 180.08
		玉溪市	368.34
		西双版纳傣族自治州	671.14
		曲靖市	439.79
		大理白族自治州	795.82
		红河哈尼族彝族自治州	699.22
		保山市	336.68
		楚雄彝族自治州	452.17
		临沧市	256.73
		普洱市	354.11
		丽江市	998.45
		德宏傣族景颇族自治州	476.25
		文山壮族苗族自治州	320.22
		昭通市	311.90
		迪庆藏族自治州	275.00
		怒江傈僳族自治州	55.54
	贵州省	贵阳市	2 456.56
		遵义市	1 557.20
		黔南布依族苗族自治州	862.35
		六盘水市	301.06
		安顺市	1 035.41
		黔西南布依族苗族自治州	509.01
		毕节市	937.00
		铜仁市	743.97
		黔东南苗族侗族自治州	937.23
	四川省	成都市	3 712.60
		攀枝花市	337.49
		德阳市	385.30
		眉山市	404.30
		绵阳市	647.65
		资阳市	190.09

区域	省（直辖市）	地级市（自治州）	旅游收入
上游	四川省	自贡市	391.72
		宜宾市	687.28
		乐山市	892.60
		泸州市	512.80
		广安市	403.21
		内江市	311.03
		遂宁市	467.21
		达州市	208.86
		南充市	578.62
		雅安市	320.47
		阿坝藏族羌族自治州	165.62
		凉山彝族自治州	436.67
		巴中市	248.54
		广元市	419.55
		甘孜藏族自治州	221.02
	重庆市	—	4 344.15
中游	湖南省	长沙市	1767.03
		株洲市	599.73
		湘潭市	604.38
		衡阳市	641.49
		益阳市	283.51
		岳阳市	557.83
		常德市	437.47
		郴州市	645.01
		永州市	483.56
		邵阳市	434.68
		娄底市	330.30
		怀化市	465.02
		张家界市	567.75
		湘西土家族苗族自治州	437.35
	湖北省	武汉市	3 162.16
		荆门市	188.50
		仙桃市	29.38
		潜江市	35.45
		鄂州市	58.40

区域	省（直辖市）	地级市（自治州）	旅游收入
中游	湖北省	襄阳市	415.00
		荆州市	316.50
		天门市	6.07
		随州市	155.11
		宜昌市	868.83
		孝感市	170.06
		黄石市	50.00
		咸宁市	342.00
		黄冈市	254.39
		恩施土家族苗族自治州	455.40
		十堰市	586.90
		神农架林区	57.29
	江西省	萍乡市	602.88
		新余市	449.22
		南昌市	1 068.36
		景德镇市	610.36
		鹰潭市	478.93
		宜春市	751.90
		抚州市	461.46
		九江市	1 015.01
		吉安市	808.19
		上饶市	1 011.29
		赣州市	887.50
下游	安徽省	铜陵市	182.05
		黄山市	724.00
		淮北市	110.22
		池州市	692.00
		马鞍山市	309.54
		淮南市	187.60
		宣城市	321.70
		芜湖市	728.01
		蚌埠市	297.52
		安庆市	706.20
		六安市	424.80
		滁州市	240.90

区域	省（直辖市）	地级市（自治州）	旅游收入
下游	安徽省	亳州市	205.80
		宿州市	179.71
		合肥市	1 721.60
		阜阳市	201.70
	江苏省	无锡市	1 951.97
		镇江市	934.46
		宿迁市	293.00
		常州市	1 088.60
		苏州市	2 609.00
		泰州市	375.00
		南京市	2 460.20
		扬州市	917.90
		连云港市	531.00
		淮安市	413.00
		南通市	709.19
		盐城市	374.20
		徐州市	769.60
	浙江省	衢州市	532.18
		丽水市	667.88
		嘉兴市	1 231.44
		湖州市	1 104.90
		金华市	1 350.88
		温州市	1 334.40
		舟山市	942.20
		绍兴市	1 184.00
		杭州市	3 589.10
		宁波市	2 005.70
		台州市	1 302.23
	上海市	上海市	5 092.32
长江经济带			99 167.56

综上所述，重点生态功能区旅游收入偏低。2018 年，长江经济带旅游收入达 99 167.56 亿元，而重点生态功能区的旅游收入仅占 5.94%。

另外，旅游收入与国家风景名胜区分布不协调，中游地区旅游资源价值实现率较低。长江经济带共有国家级风景名胜区 140 个，其中，上游地区国家风景名胜区数量为 53 个，旅游收入约占长江经济带旅游总收入的 36.80%；中游地区国家风景名胜区数量为 48 个，旅游收入则仅约占长江经济带旅游总收入的 25.03%；下游地区国家风景名胜区数量为 39 个，旅游收入占比最高，约占长江经济带旅游总收入的 38.17%。在各个省（直辖市）中，江苏省旅游资源价值实现率最高，国家风景名胜区数量仅占 3.57%，但旅游收入占比则高达 14.27%；湖南省的旅游资源价值实现率最低，国家风景名胜区数量占比为 15.71%，而旅游收入占比仅为 8.78%（图 4-13）。

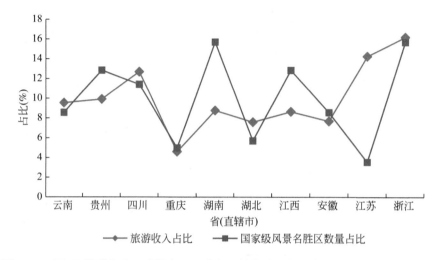

图 4-13　长江经济带各省（直辖市）国家级风景名胜区数量占比与旅游收入占比状况

5 三江源区生态产品价值实现重点任务

5.1 三江源区生态系统状况及动态变化

5.1.1 三江源区气候状况及其动态变化

三江源区属于青藏高原气候系统,为典型的高原大陆性气候,冷热交替、干湿分明、水热同期、年温差小、日温差大、日照时间长、辐射强烈、植物生长期短、无绝对无霜期。在过去的几十年里,三江源地区的气候呈现出变暖和湿润的趋势。1961 年以来,三江源区年降水量及年平均气温[①]的增加量分别为 0.9 毫米、0.04 摄氏度。综合采用累积距平、Manner-Kendall 检验、Pettitt 检验和滑动 t 检验方法对三江源区年降水量和平均气温进行突变点(拐点)检验。结果表明,三江源区年降水量在 2001 年突变增加,2002~2018 年降水量比 1961~2001 年增加了 41.9 毫米(图 5-1)。年平均气温呈持续增加趋势,并在 1997 年之后突变增加。1961~1997 年三江源年平均气温增速为 0.02 摄氏度,1998 以后年平均气温增速高达 0.05 摄氏度。相比 1961~1997 年,1998 年后年平均气温增加了约 1.3 摄氏度(图 5-2)。

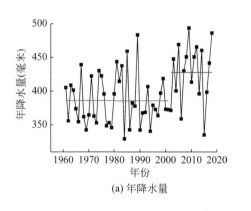

(a) 年降水量

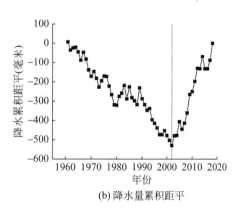

(b) 降水量累积距平

图 5-1 1961~2018 年三江源区年降水量和降水量累积距平

1982 年以来,三江源区大部分地区呈暖湿化变化趋势,尤其是治多东北部和曲麻莱北部暖湿化最为明显。年均气温变化显示,除唐古拉山乡和治多乡西部地区无明显变化外,其他地区年均气温均显著增加。年降水量变化显示,曲麻莱、达日、甘德、玛沁、同德和

---

① 数据来源于中国气象共享网,基于站点数据插值处理。

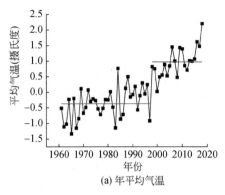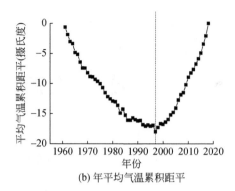

(a) 年平均气温   (b) 年平均气温累积距平

图 5-2   1961～2018 年三江源区年平均气温和年平均气温累积距平

兴海年降水量呈增加趋势，其他地区无明显变化。

2005～2018 年三江源区降水量无明显的增高或降低趋势，年平均降水量为 432.1 毫米。2005～2018 年三江源区年平均气温以 0.05 摄氏度的速率呈显著升高趋势，年平均气温达 1.2 摄氏度。2018 年三江源区年降水量达 486.1 毫米，较气候平均值多 10%，年平均气温达 2.2 摄氏度，较气候平均值偏高 1.3 摄氏度（图 5-3）。

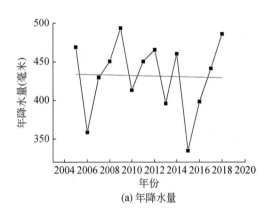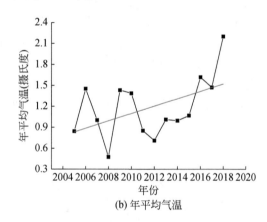

(a) 年降水量   (b) 年平均气温

图 5-3   2005～2018 年三江源区年降水量和年平均气温变化情况

5.1.2   三江源区生态系统状况及其动态变化

三江源区生态系统主要由森林、灌丛、草地、湿地、水体、农田、城镇、未利用地、冰川/永久积雪 9 种类型构成。草地生态系统是三江源区最主要的生态系统，占三江源区总面积的 68% 以上，是三江源区第一大生态系统；未利用地生态系统是三江源区第二大生态系统，约占三江源区总面积的 23.3%，主要分布在唐古拉山乡、治多县、曲麻莱县、杂多县和贵南县；灌丛生态系统是三江源区第三大生态系统，约占三江源区总面积的 3.26%，主要分布在同仁县、河南县、同德县、玛沁县、甘德县、班玛县、久治县；水体生态系统是三江源区第四大生态系统，约占三江源区总面积的 2.5%，主要分布在玉树州

（杂多县、称多县、治多县、曲麻莱县）、海南州（共和县）和果洛州（玛多县、达日县、玛沁县）；湿地生态系统约占三江源区总面积的1.6%；森林、农田和城镇生态系统所占面积很少，均不足1%，其中森林生态系统主要分布在三江源区东部各县和南部的囊谦县，农田生态系统以条带状分布，在东北部区县分布较广，城镇生态系统则在各区县呈点状分布。

2005～2015年，三江源区生态系统面积的变化主要表现为未利用地和冰川/永久积雪面积有所减少，城镇用地面积和水体面积有所增加。2005～2015年三江源区未利用土地面积减少了94.91平方千米，冰川/永久积雪面积减少了约78.68平方千米，城镇用地面积和水体面积分别增加了94.91平方千米和448.68平方千米，且生态系统面积的变化主要集中在2010～2015年。

作为反映植被状况的一个重要遥感参数，归一化植被指数（NDVI）是植物生长状态和植被空间分布密度的指示因子。本研究采用GIMMS NDVI数据[①]进行植被变化分析，该数据空间分辨率为8千米×8千米，时间分辨率为半月，像元值采用国际通用的最大合成法获得各月NDVI，在此基础上以生长季（5～9月）的NDVI最大值来表征年NDVI。

1982～2018年，三江源区草地生态系统NDVI平均值为0.5190，在此期间，年NDVI呈显著增加趋势（$P<0.05$）。综合利用累积距平、MK和滑动t检验的分析结果表明，三江源区NDVI在2005年突变增加。2005～2018年三江源区年草地NDVI平均值为0.5251，比1982～2004年增加了1.89%（图5-4）。

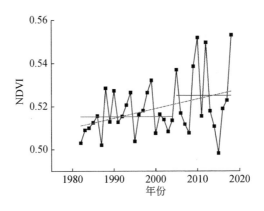

图5-4 1982～2018年三江源区草地生态系统NDVI变化趋势

1982～2018年，三江源区生态系统质量大面积好转，其中好转的面积占三江源区总面积的38.68%，主要分布在兴海县、共和县、贵南县、玛多县、曲麻莱县、治多县等北部地区；同时三江源区生态系统质量存在局部变差的趋势，变差的面积约占三江源区总面积的25.22%，主要分布在囊谦县、玉树市、称多县、班玛县、甘德县、久治县和玛沁县。

2005年三江源生态保护工程实施后，三江源区生态系统质量呈现稳定好转的趋势，生态系统质量变差趋势得到了基本遏制，约有83.59%的区域生态系统基本稳定。生态系统质量呈变好趋势的地区占比为10.39%，主要分布在曲麻莱县和治多县；生态系统质量呈

---

① 数据来源于国家自然科学基金委员会"中国西部环境与生态科学数据中心"。

变差趋势的地区占比为6.01%，主要分布在兴海县和共和县。

5.1.3 三江源区草地生态系统退化分析

草地退化一个重要的表现为草地覆盖度的下降，采用实际植被覆盖度相对理论覆盖度的变化对草地退化进行分析。参照《天然草地退化、沙化、盐渍化的分级指标》（GB 19377—2003），将三江源区草地退化类型划分为未退化、轻度退化、中度退化和重度退化四个等级。其中理论覆盖度的确定方法为：综合考虑土壤类型及降水、积温等气候条件，将三江源区草地生态系统划分为不同类型的生态单元，每一个生态单元尽可能具有相同的植被生长条件，以基准期生态单元范围内植被覆盖的最大像元值作为理论覆盖度（高艳妮等，2017）。三江源区理论覆盖度为61.83%，空间上整体呈现由西北向东南逐渐增加的趋势。高植被覆盖度面积为8.44万平方千米，约占三江源区总面积的21.36%；较高植被覆盖度面积为15.38万平方千米，约占三江源区总面积的38.94%；低植被覆盖度面积为1.30万平方千米，约占三江源区总面积的3.29%。

将研究期分为1982~1989年、1990~1999年、2000~2009年和2010~2018年四个时期，来分析三江源区草地退化及变化状况。分析结果表明，1982~1989年三江源区草地退化面积总体表现出逐步减少趋势。1982~1989年，三江源区大约有64.95%的区域属于退化区域，其中重度退化面积比例为19.15%，中度退化面积比例为21.44%。1990~1999年，三江源区草地退化面积比例降至62.54%，其中重度退化面积比例为18.39%，中度退化面积比例为20.54%。2000~2009年，三江源区草地退化面积相较于1990~1999年基本保持稳定但略有增加。2010~2018年，草地退化情况有所改善，总退化面积降低至23.78万平方千米，其中重度退化面积降低至6.68万平方千米，中度退化面积降低至7.75万平方千米（表5-1，表5-2）。

表5-1 三江源区草地退化划分依据及分级标准

分类依据	草地退化程度分级			
	未退化	轻度退化	中度退化	重度退化
总覆盖度相对百分数的减少率（%）	0~10	11~20	21~30	>30

表5-2 三江源区各时期生态系统退化面积及其比例

退化程度	1982~1989年		1990~1999年		2000~2009年		2010~2018年	
	退化面积比例（%）	退化面积（万平方千米）	退化面积比例（%）	退化面积（万平方千米）	退化面积比例（%）	退化面积（万平方千米）	退化面积比例（%）	退化面积（万平方千米）
未退化	35.05	13.77	37.46	14.72	37.26	14.64	39.50	15.52
轻度退化	24.36	9.57	23.60	9.27	23.23	9.13	23.80	9.35
中度退化	21.44	8.43	20.54	8.07	20.50	8.06	19.71	7.75
重度退化	19.15	7.53	18.39	7.23	19.01	7.47	17.00	6.68

2018 年三江源区草地退化面积为 16.0 万平方千米，约占三江源区总面积的 40.8%。其中重度退化面积为 4.0 万平方千米，约占三江源区总面积的 10.18%；中度退化面积为 5.24 万平方千米，约占三江源区总面积的 13.35%；轻度退化面积为 6.78 万平方千米，约占三江源区总面积的 17.27%，草地退化面积仍量大面广。

2005~2018 年，三江源区草地生态系统基本稳定，绝大部分地区退化趋势得到遏制。其中草地退化等级变轻的区域面积约为 2.96 平方千米，约占三江源区总面积的 7.5%，主要分布在唐古拉山乡、玛多县、共和县和贵南县。但仍有局部地区草地生态系统发生了退化，退化面积为 2.88 万平方千米，约占三江源区草地总面积的 6.9%，集中分布在曲麻莱县和称多县。

综上所述，1961 年以来，三江源区地区整体呈现暖湿化的气候变化趋势。年降水量及年平均气温平均增速分别为 0.9 毫米和 0.04 摄氏度。2005~2018 年三江源区年降水量无明显的增高或降低趋势，年平均降水量为 432.1 毫米，年平均气温以 0.05 摄氏度的速率呈显著升高趋势，年平均气温达 1.2 摄氏度。1982 年以来，三江源区生态系统质量呈现大面积好转趋势，面积占比约为 38.68%，但仍有 25.22% 的地区呈现变差的趋势。2005~2018 年三江源区生态系统质量整体稳定，绝大部分地区退化趋势得到遏制，其中有 7.5% 的区域草地退化等级降低，但仍有 2.88 万平方千米的区域草地生态系统发生退化。2018 年三江源区草地退化面积为 16.0 万平方千米，约占三江源区总面积的 40.8%，草地退化面积仍量大面广。

5.2　三江源区人口及载畜量时空动态变化

5.2.1　三江源区人口及其时空变化分析

截至 2017 年末，三江源区人口约为 137.03 万人①，其中农牧人口 108.42 万人，约占总人口的 79.12%。1980~2017 年，三江源区人口增加了 63.36 万人，平均增速为 1.68 万人/年，年平均增长率为 1.69%，其中农牧人口增加了 47.07 万人，平均增速 1.25 万人/年，年平均增长率为 1.55%，三江源区总人口和农牧人口增长率远高于全国平均增长率（0.5%）。各地区中，玉树州的囊谦县、玉树市、杂多县，海南州的兴海县和黄南州的泽库县人口增加最快。1980~2017 年，农牧人口年均增速分别为 0.13 万人/年、0.10 万人/年、0.09 万人/年、0.09 万人/年、0.11 万人/年（图 5-5）。

2005~2017 年三江源区人口增加约 27.71 万人，人口年均增速高达 2.2%。其中，玉树州增加约 10.97 万人，占总增加人口的 35.59%，人口年均增速高达 3.07%；黄南州增加约 8.5 万人，占总增加人口的 30.66%，人口年均增速为 1.82%（图 5-6）。

---

① 数据来源于青海省统计年鉴和中国县域统计年鉴（2018）。

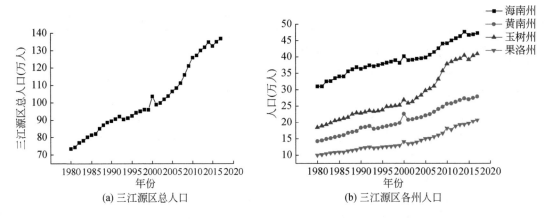

(a) 三江源区总人口　　　　　　　(b) 三江源区各州人口

图 5-5　1980～2017 年三江源区及各州人口变化情况（不含唐古拉山乡）

2005～2017 年，三江源区各县（市、镇）中，玉树州的曲麻莱、囊谦县、杂多县，果洛州的甘德县和海南州的兴海县人口增加最快，年均人口增速均在 2.5% 以上，其中曲麻莱和囊谦县年均增速均在 2.0% 以上。

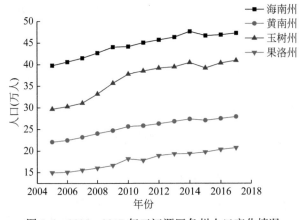

图 5-6　2005～2017 年三江源区各州人口变化情况

根据农业和牧业占第一产业的比例情况，把三江源区各县分为牧业县；牧业为主，农牧结合县；农业县 3 种类型县。农业县人均耕地数量多，农业产值相比牧业占第一产业比重高。其中农业县有同仁县和贵德县。牧业为主，农牧结合县有尖扎县、共和县、同德县、兴海县、贵南县、班玛县、久治县、玉树市、称多县、囊谦县。牧业县有泽库县、河南县、玛沁县、甘德县、达日县、玛多县、杂多县、治多县、曲麻莱县和唐古拉山乡。对各类型县人口进行统计，结果显示，三江源区 3 种类型县，2005～2017 年人口年均增速基本接近，但牧业县人口增速最快，增加了 8.64 万人，年均增速为 2.60%；牧业为主，农牧结合县，人口基数大，人口增加最多，增加了 14.89 万人，年均增速为 2.07%，但占总人口的比例有所下降；农业县人口增加总量和年均增速最小，占总人口的比例也在下降（表 5-3）。

表 5-3 三江源各类别县人口及变化情况

表 5-3 三江源各类别县人口及变化情况

分区	2005 年		2017 年		人口平均增速（%）
	人口（万人）	占比（%）	人口（万人）	占比（%）	
牧业县	27.69	26.35	36.33	27.36	2.60
牧业为主，农牧结合县	60.04	57.14	74.93	56.43	2.07
农业县	17.34	16.50	21.52	16.20	2.01

《青海三江源国家生态保护综合试验区总体方案》根据试验区的自然条件、资源环境承载能力、经济社会发展情况和区域功能定位，将三江源试验区划分为重点保护区、一般保护区和承接转移发展区。本研究根据功能分区，分析了各功能区人口变化情况。以乡镇为单位统计人口数，其中有交叉功能区的乡镇按照居民点的占比情况分配统计。统计数据显示，重点保护区人口占比较大，人口增加量最多；一般保护区人口占比最小，但人口年均增速最大，2017 年人口占比相比 2005 年有所提高；承载区人口年均增速最小，2017 年人口占比相比 2005 年有所下降（表 5-4）。

表 5-4 三江源各功能区人口及变化情况

分区	2005 年		2017 年		人口平均增速（%）
	人口（万人）	占比（%）	人口（万人）	占比（%）	
一般保护区	18.29	17.41	25.69	19.34	3.37
重点保护区	54.83	52.18	68.81	51.82	2.12
承载区	31.95	30.41	38.28	28.83	1.65

5.2.2 三江源区载畜量及超载率分析

5.2.2.1 三江源区载畜量时空动态变化

1980~2017 年，三江源区载畜量（不含唐古拉山乡，包括大型牲畜和羊，一个大型牲畜按照 4 个标准羊单位计算）呈明显的波动变化趋势。三江源区载畜量大致分为 1980~1990 年、1990~2000 年、2000~2017 年三个阶段。1980~1990 年，三江源区载畜量先下降后上升，总量变化不大；1990~2000 年，载畜量以 83.94 万羊单位/年的速率减少；2000~2017 年之后以 29.31 万羊单位/年的速率增加（图 5-7）。

2005~2017 年三江源区载畜量整体呈增加趋势，由 2005 年的 2875.10 万羊单位增加到 2017 年的 3112.46 万羊单位，增加了 237.35 万羊单位，年平均增长率约为 0.066%。玉树州和海南州载畜量增加较为迅速，2005~2017 年玉树州载畜量呈持续增加趋势，由 2005 年的 745.30 万羊单位增加到 2017 年的 1077.39 万羊单位，年平均增长率为 3.12%，年增加量约为 27.67 万羊单位。海南州载畜量大致分为 2005~2012 年、2013~2017 年两个阶段。2005~2012 年平均增长率为 1.59%，年增加量约为 14.32 万羊单位；2013~2017

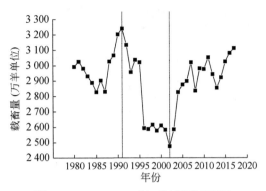

图 5-7　1980～2017 年三江源区载畜量

年，载畜量基本保持稳定（图 5-8）。

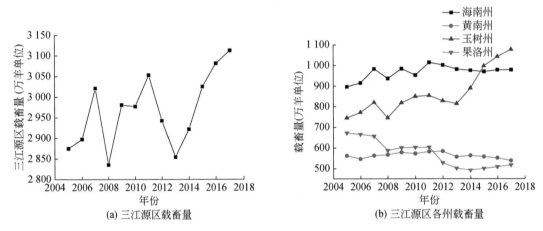

(a) 三江源区载畜量　　　　　　(b) 三江源区各州载畜量

图 5-8　2005～2017 年三江源区及各州载畜量

果洛州载畜量在 2005～2017 年整体呈降低趋势，由 2005 年的 671.60 万羊单位降低到 2017 年的 517.60 万羊单位，年减少量为 14.42 万羊单位。从整个趋势来看，果洛州载畜量分别在 2008 年、2012 年突变减少。从 2007 年开始，果洛州全力推进草畜平衡，以每年 2 个县的速度，开展了以草定畜工作，对超载的草原核减牲畜；自 2011 年起对履行草畜平衡的牧户，按照每亩奖励 1.5 元的标准进行奖励，实施草畜平衡奖励工作。

2005～2017 年三江源区人畜比大致分为 2005～2014 年和 2015～2017 两个阶段。2005～2014 年整体呈增加趋势，载畜量增速小于人口增速，但是 2015 年以后人畜比又有所下降，载畜量增速大于人口增速。

2005～2017 年海南州平均人畜比最大，对应人均载畜量为 22 标准羊单位；果洛州最小，平均人畜比为 0.0320，人均载畜量为 31 标准羊单位。从变化趋势来看，果洛州和黄南州人畜比呈增加趋势，即人口增速大于载畜量增速，果洛州从 2005 年的 0.0222 增加到 2017 年的 0.0400；人均载畜量由 45 标准羊单位减少到 25 标准羊单位，平均减少了 20 个标准羊单位；海南州人畜比呈缓慢增加趋势，人均载畜量大约减少了 2 个标准羊单位；玉树州人畜比呈先增加后减少趋势，2005～2013 年平均增速为 0.0012，人均载畜量由 25 标准羊单位减少至 21 标准羊单位，2014 年后人畜比呈下降趋势，载畜量增速大于人口增速，2017 年人均载畜量约为 26 标准羊（图 5-9）。

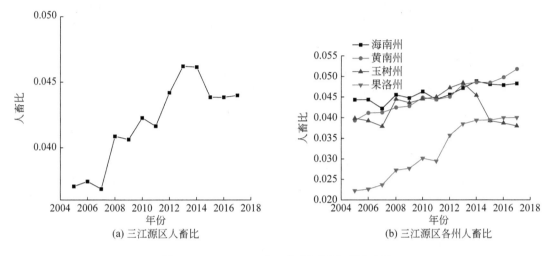

图 5-9　2000～2017 年三江源区及各州人畜比

5.2.2.2　三江源区载畜量超载情况

植被指数是遥感监测草原产草量的重要指标之一，在国内外相关研究中，NDVI 是应用最广泛、反映植被信息敏感且比较稳定的植被指数。吕鑫等（2017）基于 MODIS 遥感影像获得不同分辨率的 NDVI、EVI 和 NPP 产品，结合三江源区监测点的产草量地面实测数据，利用统计分析方法分别建立多种产草量遥感估算模型，结果表明基于 MODIS NDVI 的一元线性模型对三江源区产草量遥感估算的精度达到 71%，R^2 为 0.82，P 值为 0。本研究基于产草量和 NDVI 的一元线性模型对三江源区进行遥感反演，评估三江源区产草量。

$$Gy = 440.21 \times NDVI - 47.021$$

式中，Gy 为单位面积草地上的产草量（克/平方米）。根据《天然草地合理载畜量的计算》（NY/T 635—2002）中天然草地合理载畜量的计算标准，1 羊单位家畜每天需从草地摄取含水量 14% 的标准干草 1.8 千克，在此基础上确定三江源区的理论载畜量。

$$Q = \frac{Y \times \alpha \times \beta \times H}{I \times D}$$

式中，Q 为单位面积草地上的理论载畜量（羊单位/公顷）；Y 为单位面积草地的产草量（千克/公顷）；α、β 分别为可食产草率和放牧率（朱夫静，2016），不同草地类型取值不同；H 为放牧草地牧草的标准干草折算系数，取值 85%；I 为羊单位日食量（1.8 千克标准干草/羊单位）；D 为放牧天数，365 天。

由于仅收集到 2014 年三江源区各县（市）的牛、羊存栏量和出栏量数据，本研究以 2014 年为例，分析三江源区各地区载畜量超载情况。评估结果表明，2014 年三江源区理论载畜量为 2414.91 万羊单位。空间上呈现出由西北向东南逐渐升高的趋势，各县（市）

理论载畜量介于0.32万~1.31万羊单位/公顷。

2014年三江源区实际载畜量为2895.63万羊单位，超载率为19.91%。21个县及唐古拉山乡中，有14个县载畜量超载，其中海南州的同德县和贵德县、黄南州的尖扎县超载率很高，均达300%以上。载畜量未超载的有玛沁县、甘德县、达日县、玛多县、杂多县、治多县、曲麻莱县7个县和唐古拉山乡。其中，唐古拉山乡、果洛州的玛多县和玉树州的治多县、曲麻莱县剩余超载空间比例均大于50%（表5-5）。整体而言，三江源区牲畜超载情况依然严峻，超载量和超载率较大的县主要分布在三江源区东北部，属黄南州和海南州管辖；其次是位于玉树州的玉树市、囊谦县和果洛州的班玛县、久治县。载畜超载严重的地区都为农牧人口集中的地区。

表5-5 2014年三江源区各县载畜总量及超载率

地区	实际载畜量（羊单位/公顷）	理论载畜量（羊单位/公顷）	超载率（%）
同仁县	78.02	26.34	196.24
尖扎县	43.56	10.09	331.53
泽库县	172.65	65.91	161.94
河南县	240.07	87.93	173.02
黄南州	534.31	190.28	180.80
共和县	270.78	86.82	211.88
同德县	194.54	42.66	355.98
贵德县	65.95	15.47	326.37
兴海县	253.14	87.90	187.99
贵南县	171.90	50.59	239.76
海南州	956.31	283.45	237.38
玛沁县	107.07	117.47	-8.85
班玛县	96.09	64.29	49.48
甘德县	69.84	79.22	-11.84
达日县	67.39	133.44	-49.50
久治县	109.60	90.17	21.54
玛多县	39.77	143.89	-72.36
果洛州	489.76	628.48	-22.07
玉树市	237.05	164.04	44.51
杂多县	139.03	250.47	-44.49
称多县	107.91	105.39	2.40
治多县	115.80	277.49	-58.27
囊谦县	166.70	115.38	44.48
曲麻莱县	118.29	245.75	-51.86

地区	实际载畜量（羊单位/公顷）	理论载畜量（羊单位/公顷）	超载率（%）
玉树州	884.79	1158.51	-23.63
唐古拉山乡	30.46	154.19	-80.25
三江源区	2895.63	2414.91	19.91

综上所述，1980 年以来，三江源区地区整体人口呈持续增加趋势。1980~2017 年总人口增加了 63.36 万人，年均增长率高达 1.69%。2005 年以来，三江源区人口增加了 27.71 万人，年均增长率高达 2.2%，远超全国平均水平（0.5%）。其中，玉树州增加约 10.97 万人，约占总增加人口的 35.59%，人口年均增长率高达 3.07%。1980 年以来，三江源区载畜量波动变化，整体呈先下降后上升趋势。2005 年以来，三江源区载畜量整体呈增加趋势，2005~2017 年载畜量增加了 237.35 万羊单位，年平均增长率约为 0.067%。各州载畜量变化差别较大，玉树州载畜量增加最为迅速，增加了 23.24 万羊单位；果洛州载畜量呈减少趋势，减少了 153.4 万羊单位，平均每年减少 14.42 万羊单位。三江源区人口增加与载畜量增加较快区域分布基本一致。

以 2014 年为例，研究分析了三江源区各县（市、镇）载畜量及超载情况，结果表明，2014 年三江源区实际载畜量为 2895.63 万羊单位，超载率为 19.91%。21 个县及唐古拉山乡中，有 14 个县载畜量超载，其中海南州的同德县和贵德县、黄南州的尖扎县超载率很高，均达 300% 以上。载畜量未超载的有玛沁县、甘德县、达日县、玛多县、杂多县、治多县、曲麻莱县 7 个县和唐古拉山乡。其中，唐古拉山乡、果洛州的玛多县和玉树州的治多县、曲麻莱县剩余超载空间比例均大于 50%。整体而言，三江源区牲畜超载情况依然严峻。

5.3　三江源区生态产品价值实现相关指标分析

5.3.1　三江源区生态资源及其生态产品

三江源区地处青藏高原腹地，是长江、黄河、澜沧江的发源地，存在丰富的可开发、具有巨大潜在经济价值的生态资源。一是水资源储量丰富，被誉为"中华水塔""亚洲水塔"。三江源区有通天河、黄河、澜沧江、雅砻江、当曲等大小河流 180 多条，每年可向中下游供水高达 500 多亿立方米，拥有昂赛大峡谷、烟瘴挂大峡谷等许多野生河段较长、景观原始度较高的可用于开展高端漂流体验活动的资源。二是作为世界高海拔地区生物多样性最集中的地区，被誉为"高寒生物自然种质资源库"。三江源区植被类型可分为 14 个群系纲、50 个群系，国家二级保护植物有云杉、红花绿绒蒿、虫草 3 种；野生动物有兽类 85 种、鸟类 237 种、两栖爬行类 48 种，国家重点保护动物有藏羚、野牦牛、雪豹等 69 种，拥有丰富的可用于开展徒步探险、看雪豹等高端体验活动的野生动植物资源。三是具有独特的人文景观。三江源区拥有 600 余处旅游景点，其中 31 处 A 级旅游景区，藏传佛教寺院有 340 余座，包括文成公主庙、新寨嘉纳嘛呢石经城和格萨尔王三十古塔等著名的历史文化遗迹。四是拥有丰富的自然景观。三江源区环境优美，汇集了雪山冰川、大河、峡谷、荒漠、湖泊、湿地、丹霞地貌、暗夜星空等奇异复杂的自然景观，比较出名的有阿尼玛卿山、星宿海、鄂陵湖、昂赛大峡谷、阿什贡丹霞地貌等，为开展星空摄影、徒步探险等高端体验活动提供了丰富的生态休憩资源。五是野生药用植物和食用菌资源丰富。三江源区野生药用植物和食用菌资源种类繁多，数量丰富，用途广泛，经济价值较高。其中名贵药材有冬虫夏草、贝母、大黄、黄芪等，冬虫夏草尤为名贵；常见的食用菌主要有白蘑菇、黄蘑菇、四孢蘑菇等，其中最著名的是黄蘑菇，至今无法人工栽培，产量有限。六是拥有丰富的发展有机畜牧业的资源。三江源区具有独特的自然生态环境，生态环境基本接近自然状态，工业化程度低，大部分草场是山地草甸类和高寒草甸类，属于优良的天然草场，拥有白藏羊、欧拉羊、黑牦牛、河曲马等 10 余种适应于高寒牧区的优良畜种资源，为三江源区发展有机畜牧业提供了得天独厚的资源优势。

5.3.2　三江源区生态保护投资分析

一是生态保护体制机制日益完善。早在 2000 年，青海省就批准建立三江源省级自然保护区，2003 年晋升为国家自然保护区，保护区能力与机制不断得到提升完善。党的十八大以来，党中央对三江源区生态保护工作做出了进一步安排。2015 年，将三江源国家公园列为全国首个国家公园体制改革试点，2018 年，国家发展和改革委员会印发《三江源国家公园总体规划》，这是我国第一个国家公园规划。二是国家对三江源区生态保护提出了一系列指示与要求。2010 年印发的《全国主体功能区规划》确定三江源草原草甸湿地生态功能区是国家水源涵养重点生态功能区，要求三江源区封育草原，治理退化草原，减少载畜量，涵养水源，恢复湿地，实施生态移民，以保护和修复生态环境、提供更多的优质生态产品为首要任务。2005 年以来实施的两期生态保护与恢复工程对三江源区退化草地控制、森林覆盖度提升、人口等提出了具体的目标要求，即到 2020 年，森林覆盖率由 4.8%提高到 5.5%，草地植被覆盖度平均提高 25～30 个百分点；土地沙化趋势得到有效遏制，可治理沙化土地治理率达到 50%，沙化土地治理区内植被覆盖率达 30%～50%。2019 年，中央全面深化改革委员会第七次会议通过了《关于新时代推进西部大开发形成新格局的指导意见》，新一轮西部大开发聚焦"大保护、大开放"。三是生态保护与恢复工程的规模不断加大。2005 年以来，国家针对三江源区先后实施了两期生态保护与恢复工程，实施了退牧还草、禁牧封育、草畜平衡管理、黑土滩治理、草原有害生物防控等一系列生态保护恢复措施以及生态移民、小城镇建设等农牧民生产生活基础设施建设工程。截至 2018 年，两期工程实际投资超过 180 亿元。其中一期工程完成湿地保护 160 万亩①，封山育林 511 万亩，治理黑土滩 522.58 万亩，治理沙漠化土地 66 万亩及鼠害防治 11 781 万亩，完成生态移民 10 140 户、55 773 人。二期工程规划对 19 668 万亩退化草地禁牧实行补助、对 13 318.05 万亩未退化和轻度退化草地实行草畜平衡奖励，对 544.95 万亩黑土滩实施治理。

---

① 1 亩≈666.7 平方米。

四是积极探索生态补偿长效机制。国家和青海省先后出台了多项三江源生态补偿机制的政策文件，逐步加强了生态补偿力度。除以上生态保护恢复工程投资外，还实施了农牧民生产生活性补偿、生态管护岗位建设、异地办学补偿以及教育经费保障等生态补偿措施。2000~2015年，三江源区生态环境保护投入由2000年的1.21亿元增加到2015年的30.97亿元，生态环境保护投入累计185.16亿元，单位面积草地投资约71元/亩，人均投资约13 576元。

5.3.3 三江源区农牧民收入分析

三江源区农牧民人均收入结构主要由工资性收入、经营性收入和转移性收入三部分构成。其中工资性收入主要指三江源区农牧民通过从事职业获得的各种劳动报酬，经营性收入主要指通过经常性的生产经营活动而取得的收益，包括畜牧业收入、虫草收入等。转移性收入指国家、单位、社会团体对居民家庭的各种转移支付和居民家庭间的收入转移，即生态保护补偿包括禁牧补助、草畜平衡奖励金、牧民生产资料综合补贴、牧民良种补贴等。三江源区2017年牧民人均总收入为7693.46元，相当于青海省农村常住居民人均年收入的81%，仅为全国农村居民人均可支配收入的57%，三江源区农牧民人均收入总体偏低。就收入结构而言，该区农牧民收入以畜牧业收入为主，畜牧业收入平均占农牧民总收入的60.10%；畜牧业收入以养牛养羊收益为主，养牛收入平均占总收入的34.49%，养羊收入平均占25.48%。工资性收入和转移性收入为三江源区农牧民增收的重要来源，分别占农牧民总收入的16.46%和23.44%。

由于仅收集到2014年以市（县）为单位的农牧民收入数据，本研究以2014年为例进行具体分析。2014年三江源区农牧民人均总收入为5531.65元，相当于青海省农村常住居民人均年收入的76.8%，仅为全国农村人均收入的52.7%。畜牧业收入是农牧民收入的主要来源，约占农牧民总收入的53.78%，其中畜牧业收入以养牛养羊收入为主。工资性收入和转移性收入为三江源地区农牧民增收的重要来源，分别平均占农牧民年收入的13.67%和22.69%。转移性收入中禁牧补助收入平均占总收入的18.31%，草畜平衡奖励金平均占3.36%，牧民生产资料综合补贴平均占0.86%，牧民良种补贴平均占0.17%。三江源区属于冬虫夏草主产区，虫草收入占三江源区农牧民人均总收入的9.85%，其中玉树州、果洛州地区冬虫夏草产量占青海省总采集量的一半以上。杂多县、玉树市虫草收入占其总收入的比例分别达到43.71%和33.49%（表5-6，表5-7）。

表5-6　2014年三江源各市（县、镇）农牧民收入及占比

地区	总收入（元）	工资性收入		畜牧业收入		虫草收入		转移性收入	
		金额（元）	占比（%）	金额（元）	占比（%）	金额（元）	占比（%）	金额（元）	占比（%）
同仁县	4780.96	1496.05	31.29	2210.40	46.23	545.19	11.4	529.33	11.07
尖扎县	4001.56	1516.27	37.89	1888.39	47.19	56.00	1.4	540.90	13.52
泽库县	4145.08	714.67	17.24	2580.37	62.25	120.42	2.91	729.61	17.6
河南县	7332.98	844.85	11.52	4843.46	66.05	145.00	1.98	1499.67	20.45

地区	总收入（元）	工资性收入		畜牧业收入		虫草收入		转移性收入	
		金额（元）	占比（%）	金额（元）	占比（%）	金额（元）	占比（%）	金额（元）	占比（%）
共和县	8188.29	1509.60	18.44	4993.19	60.98	280.00	3.42	1405.51	17.16
同德县	7189.69	1090.26	15.16	4871.66	67.76	443.53	6.17	784.24	10.91
贵德县	7003.89	2180.53	31.13	2630.24	37.55	406.15	5.8	1786.97	25.51
兴海县	8459.30	1320.90	15.61	5528.19	65.35	541.12	6.4	1069.09	12.64
贵南县	7612.19	1333.72	17.52	4581.03	60.18	534.44	7.02	1163.00	15.28
玛沁县	7803.28	409.14	5.24	4678.36	59.95	828.13	10.6	1887.65	24.19
班玛县	4862.21	399.04	8.21	2385.59	49.06	302.88	6.23	1774.70	36.5
甘德县	4044.59	281.06	6.95	2175.70	53.79	497.78	12.31	1090.06	26.95
达日县	3558.71	190.13	5.34	1500.92	42.18	312.68	8.79	1554.97	43.69
久治县	3792.94	159.23	4.2	2580.60	68.04	141.06	3.72	912.05	24.05
玛多县	4494.98	162.59	3.62	2540.86	56.53	82.27	1.83	1709.26	38.03
玉树市	4963.23	509.46	10.26	1920.49	38.69	1662.18	33.49	871.10	17.55
杂多县	5031.60	305.53	6.07	1644.71	32.69	2199.14	43.71	882.23	17.53
称多县	4340.53	604.86	13.94	2007.83	46.26	499.41	11.51	1228.43	28.3
治多县	5484.14	408.23	7.44	3383.54	61.7	197.53	3.6	1494.84	27.26
囊谦县	3507.75	498.12	14.2	1498.35	42.72	731.32	20.85	779.96	22.24
曲麻莱县	5566.83	332.26	5.97	3572.37	64.17	210.24	3.78	1451.97	26.08

注：唐古拉山镇数据未收集到，故在此不进行分析。下同

表5-7 三江源各市（县、镇）农牧民收入结构各分项占总收入的比例 （单位：%）

地区	养牛收入	养羊收入	禁牧补助收入	草畜平衡奖励金
同仁县	8.08	37.98	9.28	1.28
尖扎县	10.59	35.81	12.44	0.64
泽库县	18.75	43.50	14.81	1.28
河南县	35.06	30.99	19.02	0.69
共和县	12.99	47.02	14.28	2.06
同德县	17.24	50.42	7.35	1.71
贵德县	9.76	26.19	21.35	2.93
兴海县	19.03	46.08	10.37	1.42
贵南县	13.00	46.91	12.53	2.25
玛沁县	28.44	31.51	18.96	4.90
班玛县	43.65	5.42	24.92	9.83
甘德县	35.38	18.41	23.52	3.07

地区	养牛收入	养羊收入	禁牧补助收入	草畜平衡奖励金
达日县	28.53	13.65	34.89	7.54
久治县	62.07	5.96	15.86	7.28
玛多县	31.71	24.82	31.61	5.46
玉树市	36.14	2.55	14.68	1.76
杂多县	20.10	12.59	13.60	2.97
称多县	30.42	15.84	22.69	3.84
治多县	38.60	23.10	22.05	3.95
囊谦县	38.91	3.78	19.42	1.48
曲麻莱县	27.47	36.71	20.82	4.26

5.3.4 三江源区生态资源资产及生态产品价值实现状况

三江源区生态资源资产是其最重要的资产，包括森林、草地、湿地等生态资源存量资产和生态系统服务、生态产品构成的生态流量资产，即三江源区的公共性生态产品价值。本研究根据三江源区的地理位置、生态系统特征及区域特点，选取水源涵养、土壤保持、生态固碳、物种保育和干净水源五项生态系统服务和生态产品进行三江源区生态资源资产分析。研究结果表明，三江源区2015年生态资源资产的价值约为5658.81亿元，每年径流调节总量166.73亿立方米，约相当于16个中型水库的库容，价值为1018.72亿元；减少土壤侵蚀量9.69亿吨，保持土壤总价值576.28亿元；生态系统固碳量为0.430亿吨，固碳价值为516.12亿元；根据三江源区17种明星物种的种群数量计算物种保育价值2593.01亿元；河流水系水质全部优于Ⅲ类，按照治理成本法计算得出干净水源价值为954.66亿元（孙九林等，2020）。从核算结果来看，2015年三江源区的生态资源资产价值是同期国民生产总值的19倍。单位面积草地生态资源资产的价值为1404.52元/亩。因此，生态资源资产是三江源区最重要的资产，其价值远远超过经济生产价值。

三江源区是我国重要的水源涵养生态功能区，是高原生物多样性最集中的地区，也是亚洲、北半球乃至全球气候变化的敏感区和重要屏障。公共性生态产品是三江源区最宝贵的产品。2015年三江源区径流调节、土壤保持、生态系统固碳、物种保育更新和干净水源五项主导公共性生态产品价值约为5658.81亿元，亩均价值为955.07元，远高于当地的国民生产总值。尽管国家投入大量资金支持三江源区生态保护与恢复工作，促进三江源区生态资源资产的保质增值，保证三江源区优质生态产品的持续供给，但是以国家财政转移支付为主体的生态保护补偿仅仅实现了三江源区公共性生态产品价值的极小部分，生态产品价值实现率不足10%，导致农牧民在实际的生产生活过程中，只看重草地的经济资源属性和畜牧产品的经济生产功能，简单通过单纯增加牲畜的数量来提高生活水平，畜牧产业仍是三江源区农牧民的主要收入来源。然而，靠畜牧产业带来的经济效益仅为8.44元/

亩，远低于公共性生态产品价值。

5.4 三江源区创新生态产品价值实现机制的紧迫性

三江源区生态退化的根本原因是"人-草-畜"关系的失衡，协调好"人-草-畜"关系是三江源区生态保护和可持续发展的核心。自 2000 年以来，三江源区实施了一系列禁牧、压畜、减畜措施，取得了一定的成效。但是三江源区人口仍然持续高速增长，畜牧超载现象依然严重，草地退化形势依然严峻，制约三江源区生态产品供给能力进一步提升的"人-草-畜"矛盾没有得到根本解决。一是人口增速远远高于全国平均水平。作为国家重点生态功能区，三江源区的生态保护和发展定位要求引导区内人口逐步有序转移，控制人口规模。2005~2017 年三江源区人口增加约 27.71 万人，人口年均增速高达 2.2%，远高于全国平均增长率，增加人口约占全部人口的 20%。据测算三江源区适宜牧业人口规模约为 50 万人，其现状人口规模已远远超出了三江源区的合理人口数量。二是局部地区畜牧超载现象依旧严重。在国家不断加大禁牧减畜力度的情况下，三江源区的载畜量不降反升。在采取禁牧减畜措施压减 380 万标准羊单位的情况下，2017 年三江源区实际载畜量仍比 2000 年增加了 502 万羊单位，载畜量增加的区域与人口增长较快的地区在空间范围上基本吻合。同期，野生动物数量明显增加，部分大型野生食草动物栖息地与家畜放牧草场重叠，两者竞食压力增大。三是草地退化仍然量大面广。由于气候变化和局部地区载畜量持续增加，虽然草地退化整体趋势得到了初步遏制，但退化草地仍然量大面广。截至 2018年底，在全区草地退化态势总体得到有效遏制的同时，仍有 12.7 万平方千米退化草地未能有效恢复，草地退化总面积仍占区域总面积的 40.8%，其中重度退化面积为 4.0 万平方千米，占区域面积的 10.18%。综上所述，如不能从根本上解决三江源区人口快速增长以及由此带来的畜牧超载问题，不仅国家已经投入巨额资金所取得生态保护成效难以维持，而且将来即使投入再多的资金也难以遏制三江源区草地生态系统进一步恶化的趋势。

5.5 三江源区生态产品价值实现重点任务分析

1) 将三江源生态产品生产供给上升为国家战略

三江源与长江、黄河两个国家重大战略都直接紧密相关，是维系长江、黄河流域生态安全和经济社会发展的重要保障。建议将三江源生态产品生产供给上升到国家战略，建立三江源生态产品价值实现国家综合试验区，在已经实施两期生态保护和建设工程基础上，以提升生态产品供给能力为核心目标，实施三江源生态产品供给能力提升重大工程。一是实施"用半留半"草畜平衡工程。以理论产草量的一半核定食草动物承载量，利用现代智慧信息技术逐个草场精准核定载畜量，压减超载家畜数量，为高寒草场休养生息和维持野生动物数量增长留出足够的生态余量；在坚持农村土地集体所有制基础上，积极推动建立牧业合作经济组织，以草场、牲畜等生产资料入股方式，形成规模化、专业化、产业化的草原牧业运营机制，统筹平衡草原生态保护与畜牧生产，实现草地资源集聚规模高效经营。二是实施三江源地区教育提升工程。在长江、黄河流域中下游经济较好的水资源受益地区建设三江源中学、三江源高中班，接收来自三江源区的农牧民家庭子女，使尽可能多的学生能到区外接受良好教育，逐渐提高小学儿童入学率及初高中升学率；改变原有科普式短期生产技能培训模式，以州为单位建立多年制专门职业技能教育院校，对三江源区牧民开展生态保护和生态畜牧业生产的职业教育，并为全国其他国家公园培养生态管护专业技术人才。三是实施三江源区产业移民工程。充分发挥三江源国家公园"国家所有，全民共享"的核心定位，在不破坏生态环境的前提下，开展国家公园特许经营活动，发展以科研、科普、环境教育及探险为导向的生态服务产业，通过生态三产替代牧业一产，减轻草地的畜牧业承载压力；全面摸清三江源区有机畜牧产品的产地环境等基础条件，以县为单位成建制地推动有机畜牧产品认证，提高三江源区有机畜牧产品品牌影响力和附加值，通过有机和绿色畜牧产品溢价实现生态产品价值，提高牧民收入，改变农牧民以往单纯通过增加牲畜数量提高收入的状况。四是实施三江源区生态产品价值实现工程。成立由发改委牵头、青海省及长江与黄河流域下游地区参与的三江源生态产品供给保障与价值实现领导机构，建立三江源生态产品价值实现国家综合试验区，形成一批可复制、可推广、可应用的生态产品价值实现创新实践模式，将三江源区建设成为我国生态产品价值实现的国家示范样板。

2）依托黄河流域创新三江源生态产品价值横向实现机制

黄河源年均向下游输送水资源量约占黄河流域总产水量的38%，水资源的受益地区和消费关系相对清晰明确，有利于生态产品价值横向实现机制创新和突破。建议国家按照"谁受益谁付费，谁破坏谁赔偿"原则，推动建立黄河源生态产品价值多元化横向实现机制。一是成立由国家相关部门牵头、青海省及沿黄下游各省参与的三江源生态产品价值实现领导机构，加强流域上下游统筹。二是建立三江源生态产品价值实现专项基金，借鉴新安江跨流域生态补偿经验，由中央财政和沿黄下游各省水资源费（税）按使用比例列支经费，按照出境断面水量水质向上游支付干净水源价格，依据生态产品供给能力和生态保护红线面积等情况作为中央财政转移支付和专项基金的分配因素，加大对黄河上游重点生态功能区的生态补偿力度。赋予青海省使用生态产品价值基金的主动权和灵活度，自主用于三江源改善牧民生活、区域公共服务均等化建设和实施生态修复重大工程等生态恢复建设。三是建立三江源区"1+1+1"异地开发模式。以黄河中下游经济发展基础较好省市作为对口帮扶地区，以青海省重点经济发展地区为承载区，对应三江源区各个州县建立对口帮扶异地经济开发区，三方按比例分享GDP和税收，通过异地承载区开发促进三江源区降低人口和畜牧压力。四是推进黄河流域水资源确权登记，以水资源供需矛盾和产出效益差异为驱动力，加快培育水权交易主体，建立水权交易市场和交易规则，推进市场化的生态产品价值实现路径。

3）提升经营性生态产品附加值，实现农牧民增收致富

三江源区牦牛、藏羊、黑青稞以及天然药材等生态资源丰富，具备依托优质生态资源提升经营性生态产品附加值的良好基础。但三江源区经营性生态产品品牌小散、影响力低以及加工运输等条件限制，导致经营性生态产品附加值和溢价率低。应充分借鉴我国浙江等地经验模式，在加强三江源区生态环境保护的前提下提升经营性生态产品附加

值。建议青海省委省政府积极探索提升经营性生态产品附加值的渠道，将经营性生态产品收益转变成农牧民收入提高的另外一个来源。一是充分借鉴"丽水山耕"经验打造三江源区区域统一品牌。由青海省政府对品牌进行统一设计，组织农牧业主体成立三江源区农牧业协会，注册覆盖全区域、全品类、全产业链的区域统一品牌，并成立专业公司运营品牌以提高品牌影响力。建立区域品牌通用标准以及质量追溯体系，提高品牌质量保障。积极引进电商扶贫项目，拓宽销售渠道。二是以县为单位成建制地推动三江源区农牧产品"三品一标"认证。三江源区是天然绿色食品和有机食品生产的理想基地，应充分挖掘三江源区优质农牧产品以及农牧业文化遗产，由中央财政负责开展三江源区农牧产品以县为单位成建制地进行"三品一标"认证，引导"三品一标"产品加入三江源区区域统一品牌，实施母子品牌战略，促进区域统一品牌的子品牌发展。三是积极推进农牧业专业合作社建设。积极总结"红旗模式""藏迪模式"等现有农牧业合作社的经验做法，充分发挥农牧业合作社在解放劳动力、缓解草畜矛盾和分担贷款风险等方面的作用，鼓励农牧民将草场、牲畜等生产资料，以入股、租赁、抵押、合作等方式流转，使合作社成为促进三江源区经营生态产品价值实现的有力推手。四是加大区域生态物流体系建设。三江源区优质经营性生态产品距终端市场远，运输条件差且成本高，建立三江源区以产业链体系、冷链体系、检测体系、市场体系为主的青海草原牧区生态物流体系，促进经营性生态产品的外销，实现效益最大化。五是大力促进农牧民草地资源向资本转化。制约草地资源向资本转化的关键是草地资源不能直接用于买卖和贷款抵押。应充分借鉴我国福建、浙江等地生态银行、"福林贷"等金融产品的发展经验，合作社将农牧民交纳的担保金作为贷款抵押金，以合作社内部草地承包权流转作为违约赔偿的还款来源，解决制约绿色金融支持生态产品价值实现的关键难题，实现生态资源向生态资源资产转化，使农牧民获取经济发展成本。

4）加大三江源区生态产品价值实现的科技支撑

生态产品价值实现是我国政府提出的一项创新性的战略措施和任务，把生态环境转化为生态产品、把生态产品转化经济产品涉及重大基础理论、关键技术、机制体制和政策保障等诸多科学技术难题。建议青海省委省政府会同国家相关部门实施三江源区生态产品价值实现重点科技专项，通过集中调动各领域科研人员开展中长期联合攻关，消除生态产品价值实现过程中的技术瓶颈，建立起生态产品价值实现的技术体系、交易体系、政策体系和考核体系。一是开展三江源区生态产品理论技术研究。研究生态产品的概念内涵、属性特性等基础理论框架，分析三江源区生态产品生产、流转、消费特征，研究三江源区生态产品价格与生态补偿标准；研究建立三江源区生态产品分类目录，构建业务化核算技术方法；研究绿色金融扶持三江源区生态产品价值实现的关键难点与体制机制。二是开展三江源区生态保护成本效益分析研究。研究三江源区生态资源资产增值及驱动因素；系统总结三江源区已有的生态建设工程，算清三江源区的生态保护和恢复成本及放弃矿业、水电、畜牧业发展的机会成本，开展成本效益分析，探索最有效的生态建设工程措施，进一步为国家下一步实施重大工程提供支撑。三是开展生态资源产业化的重大关键技术研究。研究生态恢复模式与重点恢复技术；继续研发集天然草地合理放牧，优质人工草地建植，优良牧草青贮饲草料精准配置，牦牛、藏羊冷季补饲和健康养殖，特色畜产品加工、追溯，以及电商平台为一体的全产业链技术体系。四是开展野生动物保护管理的相关研究。在加大野生动物保护力度的同时研究控制野生动物种群数量的办法和机制，避免过度保护造成生态失衡。对野生动物伤人伤畜的情况，通过建立野生动物造成人身财产损失补偿以及"家畜保险基金"制度来降低牧民损失。探索共享的草地资源管理制度代替围栏保护的方式，消除围栏对野生动物的伤害。

6 长江经济带生态产品价值实现总体战略

6.1 长江经济带生态产品价值实现的制约因素

6.1.1 优质生态产品供给能力有待进一步加强

近几年来，党和国家持续加大生态环境保护与建设力度，但生态产品供给能力仍严重不足，生态环境形势依然严峻。长江经济带的源头与上游地区草地等生态用地退化，中下游地区湖泊、湿地面积萎缩，重点生态功能区生态环境质量区域差异较大，短板突出。长江经济带的国民生产总值高速增长，而生态资源资产却大幅下降，生态产品供给不足也成为与发达国家最大的差距。

一是源头和上游地区生态用地退化，次生生态环境问题频发，生态状况不容乐观。三江源区草地退化面积仍面大量广，仍有12.70万平方千米退化草地未能有效恢复，草地退化总面积仍占三江源区总面积的40.80%。上游地区存在毁林开荒、超载畜牧以及矿产资源的不合理开发现象，导致水土流失、石漠化以及滑坡、泥石流等次生生态环境问题频发（张慧，2019）。据统计，长江经济带水土流失面积达38.50万平方千米，约占流域总面积的21%，主要分布在上中游云南、贵州、四川等七省（直辖市）（张艳玲，2016）。

二是中下游地区湖泊、湿地面积萎缩，水生态环境质量仍较为严峻。长江流域建设用地面积明显增加，与2015年相比，2018年建设用地面积增长了3934平方千米，严重侵占了江河、湖泊的生态空间。长江入湖水量逐渐降低，导致中下游地区湖泊、湿地面积萎缩，较中华人民共和国成立初期，湿地面积萎缩近了1.20万平方千米（张慧等，2019）。2000~2010年，沼泽湿地面积减少了约742.10平方千米，湖泊面积减少了约220.70平方千米（吴舜泽等，2016）。与2015年相比，2017年长江经济带11个省（直辖市）化学需氧量以及氨氮排放总量分别降低了38.35%和32.75%，但由于长江经济带污染物排放基数仍较大，排放量分别占到全国排放量的37%和43%，水环境质量不容乐观。

三是重点生态功能区的生态环境质量高于全国水平，但区域差异较大，短板突出。生态用地面积占比方面，县域最高值约为最低值的4.01倍，并且约26.78%的县域生态用地面积占比小于70%；生态状况指数方面，县域最高值约为最低值的3.72倍，并且约有21.69%的县域生态状况指数小于40。劣V类水质依然存在，其在地表水水质类别中占比约为1.07%，在饮用水水源地水质类别中占比约为0.05%。饮用水水源地地下水水质达标率较低，仅为71.03%，低于国家重点生态功能区总体水平。

6.1.2　市场化、多元化生态补偿机制有待建立

生态补偿是公共性生态产品价值实现的重要方式和途径。近年来中央高度重视长江流域的生态修复和保护，中央和地方财政对长江生态修复和保护投入的资金不断增加。在中央的政策引导下，四川、贵州、云南、重庆、湖北、湖南、安徽、浙江、江西、江苏、上海等省份（直辖市）先后签订了跨省份或者省份内的流域横向生态补偿协议。这些以地方政府为主导的补贴式生态补偿虽然措施见效快、力度强，但监管成本高，激励机制不足，难以调动社会各界参与的积极性，生态补偿效果大打折扣。

一是现有生态补偿缺乏稳定常态化资金渠道，多由各相关国家部委多头进行实施和管理，采用生态保护规划、工程建设项目、居民补助补贴的形式，不利于地方政府总体考虑地方生态保护、民生改善、公共服务等需求，统筹安排使用生态补偿经费，且容易造成挤占或挪用生态补偿资金问题，使生态补偿资金不能集中力量办大事，大大降低了生态补偿的效果。

二是补贴式、被动式、义务式的生态补偿方式因不能解决农户生计问题，不能充分调动起农民主动开展生态保护的积极性，且对农户的身份定位仍然是经济生产，造成大部分农户一方面接受国家的生态补偿，另一方面仍以原有不合理的方式开展生产经营，导致国家投入巨额生态补偿资金用于改善农户生计的同时，生态补偿的绩效大打折扣。

三是现有的少数横向生态补偿是在相邻的上、下游省域或地区之间达成补偿协议，难以对流域整体进行系统化的生态修复和保护；现有生态补偿的客体主要是水量和水质两类指标，只能针对水资源开展生态修复和保护，而对流域的其他类型生态系统，包括森林、草地、湿地、生物多样性等缺乏生态补偿；现有的流域横向生态补偿资金来源于中央和地方政府的财政资金，由受偿方的地方政府决定补偿资金的去向，缺乏微观组织参与的空间，不能充分调动微观主体的参与积极性（张捷等，2020），难以形成市场导向、多方参与的横向生态补偿机制。

6.1.3　生态产品供给与经济发展矛盾依然突出

土地是经济社会发展的载体，也是生态产品生产的场所，土地同时具有承载社会经济发展和供给生态产品的功能。长江经济带重点生态功能区经济发展差距还很大，中、下游地区土地开发强度处于高位，未来发展过程中无论是源头区、中游还是下游，生态产品的供给与经济发展的矛盾依然突出。

一是重点生态功能区经济发展差距还很大。长江经济带重点生态功能区产业结构不合理，旅游收入偏低，相比下游经济较发达地区，中、上游经济发展还主要依赖于第一产业、第二产业。2018年，长江经济带旅游收入达99 167.56亿元，上游约占34.91%，中游约占23.75%，下游约占41.34%，而重点生态功能区面积下游约占5.94%。2018年，重点生态功能区中上游地区第三产业增加值占GDP总值的比例低于下游地区，第二产业增加值占GDP总值的比例略低于下游地区，而第一产业增加值占GDP总值的比例高于下

游地区。

二是中、下游地区现有土地开发强度处于高位。基于土地资源的经济发展效率达到高位，中、下游未来发展后劲不足，需要向生态产品的价值实现突破转移。中游单位建设用地 GDP 为 16.78 亿元/平方千米，下游单位建设用地 GDP 为 18.86 亿元/平方千米，分别为上游（15.17 亿元/平方千米）的 1.11 倍和 1.24 倍，中、下游地区的土地利用效率高于上游地区；中游地区土地开发强度为 36%，下游地区土地开发强度为 28%，分别为上游地区（27%）的 1.33 倍和 1.04 倍，上游地区土地开发强度低于中、下游地区，但长江经济带土地开发强度接近甚至超过国际发达城市（杨伟民，2012）。由于用于开发的土地资源数量十分有限，长江经济带中、下游地区下一步的经济发展需要向生态产品的价值实现突破转移。

三是上游地区经济发展水平低于中、下游地区，但生态产品生产供给能力远高于中、下游地区。2018 年长江经济带上游地区 GEP 为 13.88 万亿元，是中游地区的 1.37 倍、下游地区的 2.54 倍，上游地区生态产品供给远高于中、下游地区；但上游地区人口密度为 176.36 人/平方千米，仅为中游地区的 57%、下游地区的 27%，中、下游地区生态产品需求远高于上游地区。上游地区 GDP 总值为 9.57 万亿元，约为中游地区（10.05 万亿元）的 95%、下游地区（21.39 万亿元）的 45%，上游地区经济发展明显落后于中、下游地区；而上游地区 GEP 与 GDP 的比值为 1.48，比中游地区（1.04）高 0.44，比下游地区（0.26）高 1.22，上游地区经济发展远远滞后于生态资源资产价值。

6.1.4　上下游区域发展不平衡不协调问题突出

长江经济带横跨我国东、中、西三大区域，是大跨度的流域经济，各区域本身发展的基础条件不同，地区发展不平衡不协调的现象十分突出，不仅表现在上、中、下游地区，经济发达省份内部各经济区域发展也存在较大的差异，这些差异的扩大将会影响长江经济带高质量发展。

一是长江经济带上、中、下游经济水平、城市化水平、产业化发展程度差异较大。2018 年，长江经济带中、上游地区人均 GDP 仅仅分别为下游的 60.6% 和 50.7%；上、中、下游城市化水平分别为 53.36%、57.45%、67.21%；城乡收入差距空间分异显著，2018 年长江经济带城乡收入比为 2.42，上游地区城乡收入比高达 2.89，中、下游地区城乡收入比分别为 2.43 和 2.22。长江经济带上游地区第一产业占比远高于下游和中游地区，上游和中游的第三产业占比均低于下游地区；长江经济带下游地区处于后工业化阶段，中游地区处于工业化后期，上游地区处于工业化中期，下游地区的经济要领先上游地区数十年。

二是长三角经济发达省份内部各经济区域发展也存在较大差异。苏南地区的人均 GDP 是苏中地区的 1.4 倍，是苏北地区的 2.3 倍；苏南地区的居民人均可支配收入是苏中地区的 1.5 倍，是苏北地区的 1.9 倍；苏中地区的第二产业占比高于第三产业，过分依赖第二产业；苏北地区的第一产业占比则远高于苏南与苏中地区。苏南地区处于后工业化阶段，苏中地区处于工业化后期阶段，苏北地区则处于工业化中期阶段，苏南地区的经济要领先苏北地区数十年，其区域发展差异的扩大将会影响总体经济快速、持续发展和生态产品价值实现。

三是长江经济带地区发展条件差异大，重点生态功能区基础设施建设相对落后。2015年重点生态功能区公路通车总里程为58.56万千米，约为长江经济带公路通车总里程数的29%，城市生活垃圾无害化处理率为90.16%，城市污水无害化处理率为82.21%，远低于下游地区水平。重点生态功能区生态资源丰富，但交通、污水处理和垃圾处理等基础设施建设相对较差，间接影响了生态产品价值转换。

6.2 长江经济带生态产品价值实现总体战略构想

6.2.1 指导思想

牢固树立"绿水青山就是金山银山"的理念，以保障公共性生态产品为核心，以开发经营性生态产品为手段，通过将长江经济带生态产品转化为经济产品融入市场经济体系，提升生态产品附加值，使生态产品变为也能成为长江经济带农民收入的重要来源，推动长江经济带生态产品向经济产品转变、由政府补贴向市场配置转变、由刚性监管向灵活经营转变，用搞活经济的方式充分调动社会各方参与生态保护的积极性，让市场在生态资源配置中发挥引领作用，统筹国家、地方政府和上中下游关系，依托生态产业化，推进产业生态化，建立多元化生态产品价值实现机制，形成政府主导调控、企业投资获利、个人经营致富的生态产品利益分配模式，大幅度提高长江经济带优质生态产品的生产供给能力，使绿水青山成为金山银山增长的强大资源，金山银山成为绿水青山价值的实现源泉。

6.2.2 基本原则

政府主导，市场引领：政府行使公共性生态产品投资人、供给人和消费代理人的职能，应制定生态产品生产发展规划和市场化政策导向，实施生态产品供给保障重大建设投资，为生态产品价值实现提供保障。同时，构建生态产品市场交易机制与平台，让市场配置资源的手段在生态产品的生产消费过程中发挥引领作用，促进生态产品充分融入市场经济体系。

生态优先，产业转型：长江经济带经济发展水平高，产业发达，应协调好产业发展与生态产品生产的关系，把生态环境保护及增强生态产品的生产能力作为首要任务，促进产业绿色转型，激发绿色发展新动能，为经济持续健康发展打造新引擎、构建新支撑。

上下统筹，区域协调：长江经济带生态产品是由上游生产，供下游使用，应统筹流域上、中、下游关系，建立上、中、下游联动机制，保障上、中、下游生态产品市场交易，同时协调区域发展，依托城镇化、工业化、产业化较好的上海、杭州等市，加大对上游的投资，促进农牧民劳动力向第二、第三产业转移。

综合施措，多元推进：生态产品价值实现是一项复杂的、长期性的系统工程。长江经济带应综合考虑法律、经济、人口、环境、教育等方面，打好"组合拳"，多措并举为生态产品价值实现创造更优的发展环境。

6.2.3 总体目标

在习近平同志有关生态文明思想指导下，深入推进生态产品价值实现理论探索和实践应用，争取到 2025 年初步形成长江经济带生态产品价值实现制度体系，初步达到提升优质生态产品的目标；到 2030 年，长江经济带多元化生态产品价值实现路径逐步形成，生态环境进一步改善，生态产品生产供给能力得到有效提升，人民对日益增长的优美生态环境需要的矛盾得到初步解决；到 21 世纪中叶，建立完善的生态产品价值实现机制，实现高质量发展、区域协同发展、生态资源资产与经济社会协同增长，将长江经济带建设成为我国生态产品价值实现的国家示范样板。

6.3 长江经济带生态产品价值实现战略任务

6.3.1 建立国家生态产品价值实现综合试验区

建立生态产品价值实现的市场机制是一项涉及政府、企业、个人多方利益的复杂工程，必将与现有的规章制度等产生矛盾冲突，需由国家出台相关政策，完善保障体系，统筹协调流域上、中、下游发展。建议在长江经济带选择基础条件好、典型性强的县市为试点单位，建立生态产品价值实现国家试验区，开展生态产品价值实现模式、技术、机制体制创新试点。一是编制详细实验区实施方案报深改组或相关部门批准作为实施依据，使生态产品价值实现过程中一些突破原有机制体制的做法有法可依、有章可循。二是研究建立试验区生态产品价值实现促进中心，确定该机构的编制、隶属关系、职能权限等，负责生态产品价值实现的推进实施工作。三是实施生态产品价值实现重点研发计划，调动相关领域科研人员开展中长期联合攻关，以市县为单位建立科研机构长期驻点研究，让科研人员与县长、乡长联合办公，到老百姓的田间地头发现问题、解决问题；完善建立自然资源本底和生态产品生产供给能力监测体系，消除生态产品生产及价值实现的技术体系、市场体系、政策体系和考核体系等技术瓶颈。四是研究扩大生态产品的品种种类，探索与当地实际相符合的价值实现路径。五是开展生态产品价值实现配套机制体制建设。研究构建生态产品市场化运作机制及其相关金融财税政策，以及与生态产品价值相匹配的生态补偿、损害赔偿机制体制等。六是继续加大生态保护投入力度。在原有生态保护资金投入基础上，继续加大中央财政投入，行使公共性生态产品投资人的职能；依托"山水林田湖草"工程，加大对长江经济带自然保护区、重要湿地、重要饮用水水源地保护区、自然遗产地等各类保护地的投资，增强生态产品供给保障能力。及时总结实验区取得的成功经验和有效模式途径，待时机成熟后上报国家形成可在全国推广的经验。

6.3.2　扶持重点生态功能区加大生态产品生产供给

提升优质生态产品是其价值实现的基础与保障，当前长江经济带各地区生态产品均面临着生态资源数量不足以及生产能力不足的双重矛盾，尽快实现生态产品的量质齐升是当前迫切需要完成的关键任务。重点生态功能区是生态产品的主产区，建议长江经济带以重点生态功能区为重点，探索通过生态产品价值实现巩固扶贫成效的路径。一是优化重点生态功能区空间布局并制定生态产品价值实现策略。在生态资源丰富、经济发展水平低的绿色贫困区，如长江下游的安徽南部等地区增加重点生态功能区数量。重点生态功能区约占长江经济带总面积的41%，如何保护好和管理好是下一步面临的重要问题，重点生态功能区并不是"无人区"，不能采用"一禁了之"的方法，应尽快研究制定长江经济带生态产品价值实现策略，在保障生态产品供给能力稳步提升的基础上，使生态产品生产者和保护者获得收益。二是加大基础设施建设力度。合理规划交通路网建设，继续加强学校、医院、活动场所以及污水和固废处理等基础设施建设，为重点生态功能区生态产品价值实现提供基础支撑。三是扶持一县一品特色经济。各省市尤其重点生态功能区在特色小镇、田园综合体、山水林田湖等政策方面给予倾斜支持，结合自然禀赋与社会现状，在综合考虑生态功能定位基础上明确生态产品经营发展方向，促进生态产品经营发展。四是探索建立重点生态功能区生态产品价值实现绩效考核机制。研究出台重点生态功能区绩效考核办法，各省结合生态扶贫、乡村振兴、山水林田湖草治理等重大战略任务，在国家相关部门已经发布实施的《绿色发展指标体系》和《生态文明建设考核目标体系》基础上，构建完善以生态环境质量改善为核心、反映生态产品价值实现水平和主体功能区差异的绿色发展绩效指数，完善形成综合反映各重点生态功能区生态产品价值实现能力和努力程度的绩效考核指标与方法；探索建立重点生态功能区的绩效考核机制与对口帮扶机制，将被帮扶地区的生态产品价值实现的工作目标与帮扶地区领导政绩考核相挂钩。五是探索建立重点生态功能区生态产品价值实现试点。开展生态产品价值实现顶层设计，系统考虑生态产品类型、经济发展现状，制订实施方案；探索生态产品价值市场化机制的政策制度和保障措施，明确各方权责、资金使用、交易办法等要求；建立科研机构与重点生态功能区联合工作机制，及时发现和解决问题，并基于试点成果，及时总结经验和有效模式途径，适时向其他重点生态功能区推广。

6.3.3　建立以市场配置为主体的生态补偿机制

长江经济带现有的生态补偿模式难以调动起人们参与生态保护的积极性，可学习巴西、借鉴哥斯达黎加及相关国家成功的生态补偿经验，积极探索建立起政府主导下的市场化生态补偿创新机制，使人们由原来单纯的经济产品生产转变为经济产品和生态产品双生产，通过调整生产关系，调动人们生态保护的积极性。一是建立长江经济带生态产品价值实现专项基金。除原有重点生态功能区财政转移支付、各项生态环境保护投资、生态保护补贴等生态补偿外，建立以政府财政为主要来源的生态产品价值实现基金，专项用于购买生态产品，研究拓宽生态产品价值实现国家专项基金来源渠道，探讨发行生态彩票、生态债券等资金筹集方式，鼓励调动社会资本参与生态产品价值实现。同时，建立省-市-县三级生态产品价值实现专职机构，配置专职人员专门具体负责公共性生态产品生态补偿的市场化运行。二是完善生态保护成效与相关转移支付资金分配挂钩机制，建立以生态产品产出能力为基础的市场化生态补偿机制。借鉴新安江流域跨省生态补偿等实践模式，设置高标准水质考核标准，实行补偿资金分档考核，完善水生态保护成效与相关转移支付资金分配挂钩机制，有效提高地方政府的生态保护积极性。三是依托反向竞标和绩效支付的市场化方式，建立政府购买生态产品的市场化生态保护补偿机制。山水林田湖草是农民生活生计的载体，也是生态产品的生产者，具有明确的产权归属生态资源，可以为生态产品提供可交易的载体。综合考虑农民生活水平提高和原有生态补偿对农民生活补贴情况，以土地产权作为生态产品权益的载体，建立体现山水林田湖草等生态要素质量差异的生态产品分级价格体系，通过许可证交易的方式使农民的收入与生态要素质量挂钩，既有利于各级干部和群众认识理解生态产品，又能充分调动人们主动开展生态保护的积极性，实现生态产品和经济产品效益的最大化。四是开展政府购买生态产品的试点示范。选择 2～3 个基础条件好、典型性强的县市为单位，建立生态产品价值实现综合试验区，编制政府购买生态产品实施方案，明确业务程序、责任部门和具体操作方式，由被补偿者每年在规定时间内定期申报，政府部门上门核验生态要素质量，金融机构按质拨付。

6.3.4 探索构建生态产品流域多元化市场交易机制

建议长江经济带各地区结合长江经济带保护发展的战略，依据上、中、下游生态产品流转消费关系，逐步探索建立生态产品多元化市场交易机制。一是建立与生态产品量质挂钩的生态权属交易机制。建立与上游干净水源量质挂钩的生态产品价格、考核等体系，依据上游出境断面水量、水质制定不同价格标准，建立流域的水质考核机制，设立流域水环境污染防治监管平台及水质监测中心，搭建流域的干净水源交易平台。继续加大碳汇交易力度，重点围绕构建碳汇功能区、搭建交易平台、完善配套措施、加强横向合作等方面，率先走出一条协调、绿色、共享的碳汇经济发展之路。二是探索建立长江流域生态资源总量配额跨省交易制度。推广深化"森林覆盖率"交易制度，将生态资源总量配额制度扩展至湿地、森林等生态资源类型。研究确定长江流域森林、草地、湿地等生态要素的总量配额，构建基于数量、质量、生物量等各种要素之间的换算方法，并根据主体功能区定位设置跨省域的换算系数，构建基于要素的跨省域交易价格体系，并搭建流域生态资源总量配额跨省交易平台，实现流域生态资源有效配置。结合自身特点，因地制宜配置生态要素空间结构，将多余的面积转化为配额进行交易。三是建立流域上中下游生态用地开发配额交易机制。推广重庆"地票""林票"制度，将可流转的额度作为生态用地开发的配额。将耕地增减挂钩政策运用到森林、草地等生态用地，研究制定各地不同生态用地类型的增量和减量控制目标，构建基于服务能力的不同生态用地换算关系，建立不同生态用地的流转关系，将各类生态用地可流转的额度作为生态用地开发配额，搭建交易平台，引导开发者、使用者购买生态用地配额。在长江经济带开展林地、建设用地间的流转试点，加快建立健全生态用地开发配额交易市场。四是加大上、中、下游地区区域协同发展扶持力度。建立上、中、下游跨省异地开发模式，以下游经济发展基础较好市县作为对口帮扶地区提供资金和技术支持，以上游工业化、城镇化、农业现代化基础较好的市县作为异地开发的承载区，共建异地开发工业园，双方共享 GDP、财政收入和税收，促进下游生态产品受益地区的绿色产业向上游生态产品供给地区延伸产业链，有效控制上游重点生态功能区人口规模和工业化发展开发强度，实现流域上下游协同共赢发展。扩大扶持范围建立省内协同开发机制，建立 1 个下游市县对应 1 个上游市县的帮扶机制，将异地开发工业园作为对口帮扶区绩效考核内容，带动其扶持的积极性，引导上、中、下游协同发展。

参 考 文 献

白雪飞. 2011. 我国经济发展方式转变阶段测试研究. 沈阳：辽宁大学博士学位论文.

薄文广, 吴承坤, 张琪. 2017. 贵州大数据产业发展经验及启示. 中国国情国力, (12)：44-47.

陈璐. 2015. 实施异地扶贫开发实现区域统筹发展金磐开发区十九年开发建设成果. 浙江人大, (6)：64-65.

陈洁, 李剑泉. 2011. 瑞典林业财政制度及其对我国的启示. 世界林业研究, 24 (5)：57-61.

陈灿煌. 2019. 精准扶贫的典型模式与实践探索：基于湖南省平江县的实地调研. 云梦学刊, 40 (3)：117-124.

董加云, 王文烂, 林琰, 等. 2017. 福建顺昌县林权收储担保机制创新与成效研究. 林业经济, 39 (12)：56-59.

房田甜. 2009. 庆元"林权 IC 卡"实现林农管林一卡通. http://www.forestry.gov.cn/main/102/content-235241.html[2009-4-29].

傅伯杰, 于丹丹, 吕楠. 2017. 中国生物多样性与生态系统服务评估指标体系. 生态学报, 37 (2)：341-348.

傅振邦, 何善根. 2003. 瑞士绿色水电评价和认证方法. 中国三峡, (9)：21-23, 52.

高吉喜, 范小杉, 李慧敏, 等. 2016. 生态资产资本化：要素构成·运营模式·政策需求. 环境科学研究, 29 (3)：315-322.

高艳妮, 李岱青, 蒋冲, 等, 2017. 基于能值理论的三江源区生态系统服务物质当量研究. 环境科学研究, 30 (1)：101-109.

高艳妮, 张林波, 李凯, 等. 2019. 生态系统价值核算指标体系研究. 环境科学研究, 32 (1)：58-65.

高凌, 张子剑. 2014. 解读《厦门龙岩共建山海协作经济区实施方案》. http://fj.people.com.cn/longyan/n/2014/0609/c339868-21378851-2.html[2014-6-9].

国家林业局. 2012. 荒漠生态系统服务评估规范 (LY/T 2006—2012). 北京：中国标准出版社.

国家林业局. 2016. 自然资源 (森林) 资产评价技术规范 (LY/T 2735—2016). 北京：中国标准出版社.

国家质量监督检验检疫总局, 国家标准化管理委员会. 2011. 海洋生态资本评估技术导则 (GB/T 28058—2011). 北京：中国标准出版社.

季凯文, 齐江波, 王旭伟. 2019. 生态产品价值实现的浙江"丽水经验". 中国国情国力, (2)：45-47.

金磐开发区. 2020. 金磐开发区情况介绍. http://jhpajp.zjzwfw.gov.cn/col/col1120062/index.html[2020-5-20].

黎元生. 2018. 生态产业化经营与生态产品价值实现. 中国特色社会主义研究, (4)：84-90.

李文华. 2006. 生态系统服务研究是生态系统评估的核心. 资源科学, 28 (4)：4.

李志林, 柳德新, 奉永成. 2017-10-11. 精准扶贫：风起十八洞 攻坚在湖南——"牢记嘱托, 奋进潇湘"系列述评之三. 湖南日报, (001).

李琰, 李双成, 高阳, 等. 2013. 连接多层次人类福祉的生态系统服务分类框架. 地理学报, 68 (8)：1038-1047.

吕鑫，王卷乐，康海军，等. 2017. 基于 MODIS NPP 的 2006—2015 年三江源区产草量时空变化研究. 自然资源学报，32（11）：1857-1868.

聂伟平，陈东风. 2017. 新安江流域（第二轮）生态补偿试点进展及机制完善探索. 环境保护，45（7）：19-23.

麻智辉，高玫. 2013. 跨省流域生态补偿试点研究——以新安江流域为例. 企业经济，32（7）：145-149.

马永欢，陈丽萍，沈镭，等. 2014. 自然资源资产管理的国际进展及主要建议. 国土资源情报，（12）：2-8，22.

欧阳志云，朱春全，杨广斌，等. 2013. 生态系统生产总值核算：概念、核算方法与案例研究. 生态学报，33（21）：6747-6761.

《三江源区生态资源资产核算与生态文明制度设计》课题组. 2018. 三江源区生态资源资产价值核算. 北京：科学出版社.

孙九林，董锁成，高清竹，等. 2020. 西部典型区生态文明建设模式与战略研究. 北京：科学出版社.

尚勇敏. 2015. 中国区域经济发展模式的演化. 上海：华东师范大学博士学位论文.

沈满洪. 2005. 水权交易与政府创新——以东阳义乌水权交易案为例. 管理世界，（6）：45-56.

石垚，王如松，黄锦楼，等. 2012. 中国陆地生态系统服务功能的时空变化分析. 科学通报，57（9）：720-731.

翁志鸿，吴子文，吴东平，等. 2009. 浙江省丽水市庆元县隆宫乡"林权 IC 卡"及其抵押贷款模式创新. 林业经济，（7）：15-17.

吴舜泽，王东，姚瑞华. 2016. 统筹推进长江水资源水环境水生态保护治理. 环境保护，44（15）：16-20.

习近平. 2017. 习近平谈治国理政：第二卷. 北京：外文出版社.

谢文蕙. 2009. 新中国 60 年的城市化进程. 第七期中国现代化研究论坛论文集：43-47.

谢文蕙，邓卫. 1996. 城市经济学. 北京：清华大学出版社.

谢高地，鲁春霞，冷允法，等. 2003. 青藏高原生态系统服务的价值评估. 自然资源学报，（2）：189-196.

谢高地，甄霖，鲁春霞，等. 2008. 一个基于专家知识的生态系统服务价值化方法. 自然资源学报，（5）：911-919.

谢高地，张彩霞，张雷明，等. 2015. 基于单位面积价值当量因子的生态系统服务价值化方法改进. 自然资源学报，30（8）：1243-1254.

徐祥民，于铭. 2005. 美国水污染控制法的调控机制. 环境保护，（12）：70-73.

杨庆媛，鲁春阳. 2011. 重庆地票制度的功能及问题探析. 中国行政管理，（12）：68-71.

杨世丹. 2018. 碧水清流润丽水. https://baijiahao. baidu. com/s？id = 1619190492134183880&wfr = spider&for = pc[2018-12-7].

杨甜. 2011. 江苏省太湖流域水质双向生态补偿机制研究. 苏州：苏州大学硕士学位论文.

杨春平，陈诗波，谢海燕. 2015. "飞地经济"：横向生态补偿机制的新探索——关于成都阿坝两地共建成阿工业园区的调研报告. 宏观经济研究，（5）：3-8.

杨伟民. 2012-3-31. 北京上海开发强度超东京伦敦约一倍. 中国经济导报，（B01）.

叶浩博. 2019. "丽水之干"干出绿水青山的生态产品价值. http://zj. people. com. cn/n2/2019/0131/c186327-32600713. html[2019-12-31].

叶浩博，余俞乐，蓝俊. 2019. 年产值千万！丽水小苔藓走出生态产品价值实现大路径. http://biz. zjol. com. cn/zjjjbd/cjxw/201905/t20190521_10165984. shtml[2019-5-21].

游俊，丁建军，冷志明. 2018. 十八洞村的精准脱贫模式. http://www.fx361.com/page/2017/1009/2372218.shtml[2018-5-11].

邹阳. 2018. "飞地园区"腾飞崛起-成阿工业园区震后发展纪实. 阿坝日报. http://kbtv.sctv.com/xw/qxxw/201805/t20180511_3850681.html[2018-12-7].

张林波，虞慧怡，李岱青，等. 2019. 生态产品内涵与其价值实现途径. 农业机械学报，50（6）：173-183.

张林波，虞慧怡，郝超志，等. 2021a. 生态产品概念再定义及其内涵辨析. 环境科学研究，34（3）：655-660.

张林波，虞慧怡，郝超志，等. 2021b. 生态产品价值实现的国内外实践经验与启示. 环境科学研究：（3）：685-690.

张伟，2018-6-19. 发挥绿色金融在生态产品价值实现中的作用. 光明日报，（11）.

张洋，肖德安，余韬，等. 2019. 赤水河流域跨省横向水环境补偿机制研究. 环保科技，25（4）：23-27.

张启兵. 2012. 安徽全力推进新安江生态补偿. 环境保护，40（24）：58-59.

张欣然. 2019. 贵州银行的绿色金融发展策略研究. 贵阳：贵州大学硕士学位论文.

张捷，谌莹，石柳. 2020. 基于生态元核算的长江流域横向生态补偿机制及实施方案研究. 中国环境管理，12（6）：110-119.

张慧，高吉喜，乔亚军. 2019. 长江经济带生态环境形势和问题及建议. 环境与可持续发展，44（5）：28-32.

张艳玲. 2016. 中国网：长江流域水土流失面积占比21%分布在云贵川等7省市. http://news.china.com.cn/txt/201610/09/content_39450534.htm[2016-10-09].

周业晶，周敬宣，陶涛，等. 2017. 区域间生态补偿标准定量化研究——以鄂州市三区间补偿为例. 环境与可持续发展，42（3）：143-150.

周勇，缪光平. 2007. 重庆市集体林权制度改革分析. 林业经济，（11）：25-29.

朱玫. 2014. 政府、市场、公众与流域治理——再论江苏省太湖流域排污权交易试点工作. 环境经济，（3）：10-15.

赵丹，李江华，李泽晨，等. 2019. 贵州省绿色金融发展研究与展望——以贵安新区为例. 新西部，（6）：20-21.

朱夫静. 2016. 基于遥感模型的三江源区合理牧业人口规模测算. 南昌：东华理工大学硕士学位论文.

郑皓月. 2019. 江北区向酉阳县"买"森林 重庆实施横向生态补偿机制. http://www.cnr.cn/chongqing/jr/20190328/t20190328_524558997.shtml[2019-3-28].

Costanza R, Arge R, Groot R, et al. 1997. The value of the world's ecosystem services and natural capital. Nature, 387（15）：253-260.

Costanza R, Groot R, Sutton P, et al. 2014. Changes in the global value of ecosystem services. Global Environmental Change, 26：152-158.

Costanza R, de Groot R, Braat L, et al. 2017. Twenty years of ecosystem services：How far have we come and how far do we still need to go? Ecosystem Services, 28：1-16.

Classen R, Cattaneo A, Johansson R. 2008. Cost-effective design of agri-environmental payment programs：US experience in theory and practice. Ecological Economics，65（4）：737-752.

Daily G C, Soderqvist T, Aniyar S, et al. 2000. The value of nature and the nature of value. Science, 289（5478）：395-396.

Dong X B, Yang W K, Ulgiati S, et al. 2012. The impact of human activities on natural capital and ecosystem services of natural pastures in North Xinjiang China. Ecological Modelling, 225: 28-39.

Eriksson L A, Sallnas O, Stahl G. 2007. Forest certification and Swedish wood supply. Forest Policy and Economics, 9 (5): 452-463.

Intergovernmental Science-Policy Platform on Biodiversity and Ecosystem Services (IPBES). 2013. Report of the first session of the plenary of the intergovernmental science-policy platform on biodiversity and ecosystem services. Bonn: IPBES Secretariat.

Johansson J. 2016. Participation and deliberation in Swedish forest governance: The process of initiating a National Forest Program. Forest Policy and Economics, 70: 137-146.

Mantymaa E, Juutinen A, Monkkonen M, et al. 2009. Participation and compensation claims in voluntary forest conservation: A case of privately owned forests in Finland. Forest Policy and Economics, 11 (7): 498-507.

New York City Department of Environmental Protection (NYCDEP). 2006. Watershed Protection Program Summary and Assessment. New York: New York City Department of Environmental Protection.

Pagiola S, Rios A R. 2008. The Impact of Payments for Environmental Services on Land Use Change in Quindío, Colombia. Washington: World Bank.

Robertson M. 2009. The work of wetland credit markets: two cases in entrepreneurial wetland banking. Wetlands Ecology and Management, 17 (1): 35-51.

Shelton D, Whitten S. 2005. Markets for Ecosystem Services in Australia: Practical Design and Case Studies. http://citeseerx.ist.psu.edu/viewdoc/download? doi = 10.1.1.478.1752&rep = rep1&type = pdf [2015-10-20].

TEEB (edited by KUMAR P). 2010. The Economics of Ecosystems and Biodiversity: Ecological and Economic Foundations. London: Earthscan Ltd.

Wang W J, Guo H C, Chuai X W, et al. 2014. The impact of land use change on the temporospatial ecosystems services value in China and an optimized land use solution. Environmental Science and Policy, 44: 62-72.

Wong C P, Jiang B, Kinzig A P, et al. 2015. Linking ecosystem characteristics to final ecosystem services for public policy. Ecology Letters, 18 (1): 108-118.

Zbinden S, Lee D R. 2005. Paying for environmental services: An analysis of participation in Costa Rica's PSA program. World Development, 33 (2): 255-272.